徐書俊
鄭一群　著

誰想一個職位做到死

12個好習慣讓你「升升不息」

與其等待升遷等得心痛，
不如從多方面著手，
努力向好的職位邁進，
也許好運很快就會降臨在你的頭上。

目錄

第四章　好職位偏愛行重於言的人

第五章　好職位偏愛積極主動的人

第八章　好職位偏愛有頭腦的人

第九章　好職位偏愛有責任心的人

第十章　好職位偏愛終身學習的人

第十一章　好職位偏愛有好人緣的人

第十二章　好職位偏愛身心健康的人

前言

俗話說：「人往高處走，水往低處流。」成功進入一家企業之後，接下來要努力的就是如何提升自己，獲得好的工作職位。

人通常具有永不滿足、追求向上的欲望。正如拿破崙（Napoleone Buonaparte）所說：「不想當將軍的兵不是好士兵。」對於希望有一番作為的職業人士來說，大部分人的目標已經不再是一輩子當「小兵」。

職場如戰場，無硝煙的競爭異常激烈，每個人都需要保衛並不斷發展自己事業，沒有誰願意永遠生活在別人的光輝之下，沒有誰願意躬身謙卑、經年累月的重複著昨天的工作，沒有誰願意一個職位做到老，只要不是平庸之輩，人人都會渴望謀得一個好職位，獲得升遷加薪的機會。

但事實上，任何一位老闆都不會無緣無故的晉升你的職位，想要在競爭激烈的職場中獲得老闆的信任和賞識，贏取較高的職位，你必須擁有被提拔的理由與籌碼。

同在一家公司裡，為什麼有些人升遷快，有些人待了十幾年了，職位還是沒有更動？

這是由於前者懂得主動出擊，經營自我，把握自我發展的主動權，創造晉升機會，把握晉升機會；而後者則隨波逐流，被動發展，苦苦等候被提拔的機會。

古人云：「凡事豫則立，不豫則廢。」無論做什麼事，莫不如此。不要奢望機遇會自動找上門來，天上會掉餡餅，也不要以為隨隨便便就能得到老闆的賞識並獲得晉升機會，好職位是靠自己不斷努力去爭取來的。

「升升不息」是每個職場人的夢想，然而，職場並沒有一個固定的升遷加薪方程式，可以保證員工照著做便可以換來滿意的工作職位。不過，仍有一些基本考慮條件，那就是你本身要事先做好某些事情，才有機會被提拔。

很多時候，工作能力、工作態度、良好的職業習慣、好的人際關係……都是一個人能否得到好職位的理由。所以，與其等待升遷等得心痛，不如從多方面著手，努力向好的職位邁進，也許好運很快就會降臨在你的頭上。

本書從十二個方面深刻闡述了如何謀得好職位的方法，無論你是剛剛步入職場的新人，還是正在為自己的事業停滯不前、為自己的努力屢受忽視而苦惱不堪的職場老鳥，本書都將是你打開成功之門的鑰匙。

第一章　好職位偏愛能力突出的人

能力通常是指個人從事社會活動的本領。一個人的能力直接決定著他的工作職位。能力強的人理應擔任職責較高的職務，這樣才能使效率資源充分的發揮效率，使能力與職務分工互相配合。

能力差別決定了職位的高低

有這樣一個寓言故事：

有一天，黃鸝鳥向眾鳥們建議：「我們應該推選一位勇敢的國王來領導大家，誰是鳥類中最偉大的，我們就選牠出來當國王！」

鳥兒們都贊成這樣的提議。這時候，一心想做國王的孔雀先開口了：「各位，大家就選我做國王吧！我的羽毛是最美的！」

說著，孔雀就把牠那美麗的尾巴炫耀的展示出來。

鸚鵡附和說：「有這麼漂亮的鳥做我們的國王，是值得驕傲的一件事。我們就決定選孔雀為我們的國王！」

可是，麻雀卻搖著頭不贊成的說：「不錯，孔雀是最美麗的，但是，像我們這麼弱小的動物，被人侵襲時，牠有什麼能力來保護我們呢？與其選一個美麗的國王，倒不如選一個在危險的時候能夠挺身救我們的國王吧！」

眾鳥聽了麻雀的話，都點頭贊成。

最後，大家經過投票，選擇了強悍的老鷹為百鳥之王。

這個故事說明，在競爭日益激烈的今天，能力是制勝的關鍵。不管你身處任何領域，不管你任職於任何職位，如果你沒有能力，那麼就沒有了成功的可能。

能力是一個人的體能、技能和智慧的高度統一，人們只有依靠能力才能實現自身價值。一個企業的發展是靠員工的工作來支撐的，而員工的工作能力與工作表現是企業的安身立命之本。

當今社會，許多企業在招聘時都看重應聘人員的綜合能力和素養，將能力和素養作為其判斷個人職位高低的標準。對員工而言，最大限度的發揮自身創造力和智力，把自己塑造成「有能力的人」，應該是一種職業追求。

有一個寓言故事，說雄鷹可以捉雞捕兔，並且以首領的身分帶領眾鳥和天敵戰鬥，而麻雀卻只能聽命雄鷹的指揮去和螞蟻廝殺。這一分工的差別，都是由各自的能力差別所致。由此可見，一個企業的分工也是由個人能力所決定的。

實際上，一個企業、機構的運轉，離不開眾多工種的分工協作。可以說，從總經理到清潔工一個都不能少，但各工種的作用卻大相徑庭。總經理運籌帷幄，決勝千里，使產品在市場上暢銷，工作效率節節攀升；一個優秀的企業管理者，能使生產井井有條，產品不良率大幅縮減，並且使售後服務為眾人所稱道，給企業帶來良好的聲譽和效益，而這一切都是一個清潔工在其職位上無論如何努力都望塵莫及的。

但是，在現實工作中，就有人偏偏不信邪，他們總覺得不管哪種職位都沒有什麼了不起，只要給他們一個機會，照樣能做好。

在美國白宮裡有一位負責雜務工作的女士，她幽默風趣、為人豪爽，一直就夢想著能有時機靠近總統以表達自己的心願。

有一天，總統正在尋找的愛犬，被這位女士逮個正著，她終於有了機會接近總統。

「總統先生，我很榮幸的為包括閣下在內的兩位總統默默服務了多年，能否允許我向您提一個小小的請求？」

「當然可以，尊敬的女士。」總統溫和的說，「只要我能辦得到。」

「我絕不為難您。」這位女士壓低聲音，神情有些神祕，「我請求您允許我的丈夫，一家汽修廠的優秀修理工做您的私人助理。」

總統兩手一攤，滿面笑容的說：「哦，那可都是大人物才能做的事啊！」

誰料想這位幽默的女士也幽了總統一默：「總統先生，您如果允諾了我的請求，那我的丈夫不就成了大人物了嗎？」

根據這位女士的邏輯來看，任何人都有能力做任何大事，人們不存在能力上的差別，只是機會和運氣的不同罷了。

而這裡的問題是，也許有人借「提拔」這股東風，真的發揮了潛能，將自身資源轉化為了效率，但這種情況只能是鳳毛麟角，而且關鍵的區別還是在於你是否具備應有的資源和將其轉化為效率的能力。

在實際工作中裡，不少人都懷有故事中那位女士的想法，他們看不到人們能力的巨大差別，只會抱怨上司有眼無珠，沒有發現他這塊閃閃發光的金子。他們總覺得自己各方面都不比別人差，對身邊被委以重任、得以升遷的同事挑三揀四，總覺得別人都沒什麼了不起，唯有自己被埋沒了。於是便總說風涼話、擺老資格，但對工作從不積極主動，更談不上盡職盡責、勤奮努力，一味的敷衍了事，久而久之，就成了炸不透的老油條。

在他們眼裡，即使老闆和上司也並無過人之處，只不過憑關係或者靠著那好得一塌糊塗的運氣罷了。

他們不承認自己與同事有著能力上的差別，如果有差別，那也只是運氣和待遇不公的差別。於是，他們就整日盼望著來一場大地震，將人們的職務重新洗牌、重新分工，由自己來做經理，讓其他人都去做雜務！

在今天這個競爭無比激烈的時代，人與人比拼的就是能力。每個人都得靠能力來說話，靠能力來證明。

能力體現價值，人與人之間本質的差別，就是能力高者與能力低者的差別。能力，把人的差異越拉越大。一旦步入職場後，個人所表現出的綜合能力才是企業最看重的，這也是決定其職位高低的重要因素。不管是應屆大學生還是已有多年工作經驗的老員工，只有能力才是決定職位的唯一標準。

所以，如果你想要有一個高薪職位，必須要有等級差別觀念，然後確實的看到人與人之間能力的巨大差別，從而平和的接受這種差別。這樣，你才能在工作中更加勤奮、盡職盡責、盡善盡美，用實際行動提高自己的業務能力，逐步縮小與別人的差距，提高自己的職位層級，實現財富的飛躍。

讓自己變得不可替代

工作中，只有那些讓自己變得不可替代的人，才可能謀得理想的工作職位。無論你現在從事什麼工作，一定要使自己多掌握一些必要的工作技能，把自己訓練培養成一個適合你所期望職位的人，而其中的一個關鍵就是：掌握必要的工作技能，讓自己變得不可替代，勝任這個職位。

美國紐約的一家五星級大酒店裡，有一個叫湯姆的小廚師，他是一個普通的不能再普通的人，沒有英俊的容貌，也沒有高超的廚藝，所以他在廚房裡只能打下手。但是他會做一道非常特別的甜點：把兩個蘋果的果肉都放進一個蘋果中，那個蘋果就顯得特別飽滿，可是外表上一點兒也看不出是兩個蘋果拼起來的，就像是天生長成那樣子的，果核也被他巧妙的去掉了，吃起來特別香。

在一次偶然的機會裡，一位長期包住酒店的貴婦發現了這道甜點，她品嚐後，覺得很適合自己的口味，並特意約見了做這道甜點的小廚師。貴婦人雖然長期包了一套最昂貴的總統套房，一年中也只有不到一個月的時間在這裡度過，但是，她每次到這裡來，都會指名點那道小廚師做的甜點。

每當在經濟蕭條的時候，酒店裡總需要裁去一定比例的員工。但不起眼的小廚師卻從來沒有被解僱過，就像有特別硬的後台和背景似的。後來，酒店的經理告訴湯姆，那位貴婦人是他們最重要的客人，所以他是酒店裡不可或缺的人。

小廚師雖然很不起眼，但是他卻具有別人所沒有的那種專業技能，所以在老闆的眼裡，他就是不可替代的員工。

從上面的故事中，我們可以知道這一個道理：擁有別人不具備的某種能力或專業技能，才會成為公司不可或缺的員工。現代員工需要培養自己的核心競爭力。在企業中，讓自己變得不可或缺，也就是要使自己變成企業發展中的「稀缺元素」。雖然不同的人有不同的生存方式，不同的員工有不同的能力，重要的不是你具備哪種能力，而是你的能力是否是你的老闆所認為不可或缺的。每當老闆需要人手的時候，第一個想到的就是你。久而久之，你在老闆心目中的地位也會逐步提高。

西班牙著名的智者巴爾塔沙．葛拉西安（Baltasar Gracian）在其《智慧書》中告誡人們：「在生活和工作中要不斷完善自己，使自己變得不可替代。讓別人離開了你就無法正常運轉，這樣你的地位就會大大提高。」

李睿在一所普通的大學讀電腦科系。大學畢業之前，他進入了一家公司實習。剛去的時候，他沒什麼事可做，上司看他閒得無聊，就隨便交給他一項任務，說：「三個月內完成就行，到時給你一個實習認定。」

在接到工作任務後，李睿每天都要在電腦前工作到晚上十點多才下班，有時太晚了，無法回家，他就住在公司裡。三天後，他終於順利的完成了上司交給他的工作任務。

第四天上午，當他告訴上司任務已經完成時，上司嚇了一跳，對他有點刮目相看。所以又給了他幾個任務，並且只給他很少的時間去做，而他居然都可以提前完成。

實習結束，上司雖沒多說什麼，但不久後卻直接到他的學校點名要他去上班。在這之前，公司的人事部門感到奇怪的對李睿的上司說：「我這裡有好幾個品學兼優的研究生，你都不要，卻非要一個普通的大學生，不是開玩笑吧。」

「沒有開玩笑，他有專長。」李睿的上司說。

後來，有一次上級臨時借調李睿去幫忙，這個部門以前的報表都是最後一個交，並且還經常被退件，但這一次，李睿不僅第一個送上報表，而且一次性順利通過。

漸漸的李睿便成為公司裡每個主管都想要的搶手人才，現在他做的事情是負責為新來的研究生、大學生分配工作。

在就業競爭日益激烈的今天，李睿為何如此輕鬆的找到了一份體面的工作呢？

李睿總結的經驗是：把自己所學的知識對應到社會工作的某個領域，並在這方面強化，找一切機會將其轉化為實踐能力。所以從大二開始，他就不再平均用功，而是開始主攻一項：「資料庫」。那是他的興趣，也是他認為日後用處最廣的領域。

他的大部分時間都用在上一個「資料庫」研究班上面。當然，他既是導師也是學生。這種主攻到了什麼地步？有時候，老師會讓他給同學們講課，而自己則在下面微笑著看著他。

這樣的年輕人有哪個老闆不喜歡呢？

在世界的任何地方，擁有一技之長的人都會受到歡迎。一個有本事、懂技術的人，在任何時候任何地方都能有飯吃。掌握一項技能無論是對於求生還是在社會上立足都是非常有幫助的。

不論從事什麼行業，想要在該行業中站穩腳跟，做出一番成就，就必須具備高人一等的專業技能，而且還要以精益求精的態度不斷提高自己的專業技能水準。專業技能水準的高低對於員工在這個行業中的成長道路具有關鍵作用。你完全可以透過自身努力、持續性創新成為某方面的專家，如財經專家、市場行銷專家、產品開發專家，超越一般的專業水準，而形成每個人的核心競爭力與差異化優勢。可以說專業技能是實現個人成長的入場卷，無論你是普通職員，還是一個建築工程師，都要憑這張入場卷來打開通往成長道路的大門。任何人都不可能脫離專業技能之本而空談發展之路，專業技能決定了你的價值和工作職位。

在生活和工作中，我們要不斷完善自己，提高自己的專業技能，使自己變得不可替代。要讓同樣的工作，用你比用別人工作完成得更好；用你比用別人工作完成得更快；用你比用別人完成工作所需的成本更小。你對公司的價值越大，就越難以被替代。當你具有了不可替代性，就等於樹立了自己的個人品牌，擁有了璀璨的職業生涯。

不斷提升自身的能力

李富揚在某公司已經工作了十年，卻還只是一名普通的職員。有一天，他終於忍不住當面向老闆訴說內心的鬱悶：「為什麼我工作了十年，還沒有晉升我當主管。」老闆說：「你雖然在公司待了十年，但你的工作經驗和工作技能卻像還不到一年一般，能力也只是個新手的水準。」

可見，李富揚在他最寶貴的十年青春中，除了得到了十年的新員工薪水外，其他一無所獲。實際上，企業想要成長，就要不斷改進。同樣的道理，員工想要成長，就要不斷提升自身的能力。

一個人能力的高低，直接影響其成長與進步，這對工作來說尤為重要。當今社會，科技發展日新月異、競爭日益激烈。在這樣的一個大環境下，為了找到更適合自己的職位，維持個人生存、追求個人的發展和成功，我們要不斷提升個人的自身能力。

約翰是一個有為的青年，但他卻總覺得老闆對自己不重視，他很不滿意自己的工作，心懷不滿的對朋友說：「我的老闆一點也不把我放在眼裡，改天我就對他桌子一拍，然後辭職不做了。」

朋友問他：「你對那家貿易公司完全了解嗎？對他們做國際貿易的流程完全搞懂了嗎？」

約翰搖了搖頭，不解的望著朋友。

朋友建議道：「君子報仇十年不晚，我建議你把商業文書和公司的組織完全搞懂，甚至連怎麼修理影印機的小故障都學會，然後再辭職不做。」

看著聽後約翰一臉迷惑的神情，朋友解釋道：「公司是免費學習的地方，你什麼東西都懂了之後再一走了之，不是既出了氣，又有許多收穫嗎？」

約翰聽了朋友的建議，從此便默學偷記，甚至下班之後，還留在辦公室研究寫商業文書的撰寫方法。

一年之後，那位朋友偶然遇到約翰，問道：「你現在應該大部分都學會了，準備拍桌子不做了吧？」

「可是我發現近半年來，老闆對我刮目相看，最近更是不斷給我加薪，並委以重任，我已經成為公司的核心了！」

「這是我早就料到的！」他的朋友笑著說：「當初你的老闆不重視你，是因為你的能力不足，卻又不努力學習；之後你痛下苦功，透過學習以後，工作能力不斷提高，當然會令他對你刮目相看。」

由此可見，與其抱怨老闆的不重視自己，不如反省自己，不斷提高自身的能力。

職場中，有些人不去學習，不想著怎麼提高自己的能力，而只是覺得懷才不遇，抱怨公司、老闆對自己不夠重視。實際上，問題出在自身，你不養成學習的習慣，不提高自己的工作能力，老闆怎麼會青睞於你呢？

如果你想改變不被老闆賞識的現狀，獲得晉升的機會，抱怨是無濟於事的，相反的，除非你改掉了抱怨這種壞習慣，否則你終其一生都不會真正的成功。然而，要摒棄抱怨、不思改善的習慣，卻不是一件容易的事。你必須認真對待自己的工作，清楚自己在工作中應負的責任。只有這樣，你才能達到自我成長的目的，享受到成功的果實。

威廉和布魯斯是在同一天被徵進同一家超市工作的，起初兩個人都一樣，從最底層做起。可是不久後，威廉受到總經理青睞，一再被晉升，從普通員工到領班，直到成為經理，幾乎是平步青雲。而布魯斯卻像被人遺忘了一般，始終還在最底層工作。

終於有一天，布魯斯忍無可忍，向總經理提出辭呈，並痛斥總經理狗眼看人低，辛勤工作的人不提拔，反而提升那些拍馬屁的人。

總經理耐心的聽著，他瞭解這個小夥子，工作認真並且肯吃苦，但似乎缺少了點什麼，究竟缺了什麼呢？三言兩語一下也說不清楚，而且就算說清楚了他也一定不服氣，看來……總經理忽然有了一個主意。

「布魯斯先生，」總經理說，「請您馬上到市場上去看看今天有賣什麼。」

布魯斯很快的從市場回來了並報告到，剛才市場上只有一個農民拉了一車馬鈴薯在賣。

「一車大約有多少袋，多少斤？」總經理問。

布魯斯又跑去，回來說有十袋。

「價格多少？」布魯斯再次跑到市場。

總經理望著跑得氣喘吁吁的他說：「請休息一會兒吧，看威廉是怎麼做的。」說完叫來威廉，對他說：「威廉先生，你馬上到市場上去，看看今天有賣什麼。」

威廉很快從市場回來了，彙報說到現在為止只有一個農民在賣馬鈴薯，有十袋，價格適中，品質很好。他帶回幾個馬鈴薯讓經理看。又說這個農民過一會兒還有幾筐番茄要上市。定的價格也很公道，可以進一些貨。這種價格的番茄，總經理可能會要。所以他不僅帶回了幾個番茄做樣品，而且還把那個農民也帶來了。他現在正在外面等著經理要不要進貨的回覆呢。總經理看了一眼羞紅了臉的布魯斯說：「請他進來。」

這就是能力的差別，威廉由於比布魯斯多想了幾步，於是在工作上取得了一定的成功，並贏得了老闆的青睞。可見，能力的高低與職位的高低是成正比的，只有當能力達到一定程度，為公司創造了有用價值的時候，你的職位才能晉升。

一個人的工作職位的高低，與自身的能力高低有很大的關係。一個人能否有所作為，並不是取決於他的工作職位，而是取決於他對待工作的態度和盡職盡責的程度。換句話說，能不能有所作為，不在於做什麼，而是取決於怎麼做。只要我們積極努力，不斷提升自身能力，把實現人生價值的理想轉化為確實的實際行動，無論在哪裡，無論做什麼，都是能夠做出成績來的。

第一次就把事情做對

「第一次就把事情做對」，是企業對員工最基本的要求，它時時刻刻提醒員工們在接手每一份工作時，要盡最大的可能抱著「一次就做對」的信念，這也是員工個人工作能力的體現。

我們若想要在某個行業中領先，就必須具備追求完美的精神，工作時要求自己若能夠做到最好的就不要只做到差不多；若能努力達到藝術家的水準，就不要甘心淪為一個平庸的工匠。只有第一次就把事情做對，才是優秀的人才。

亞瑟是一名管理著上千名員工的雕塑品公司經理，但以前的他不過是一家雕塑品店的小小學徒。

「不要把這件作品搞砸了，它可是我的心血，亞瑟！」他的老闆——一位著名的雕塑家常常對他說。而學徒亞瑟只要一有空閒，就琢磨著如何把作品雕刻得更完美。很快的，他就熟練的掌握了各種雕塑的雕刻技術。他如此的認真仔細，甚至連店主老闆都覺得他要求完美的有些過分。但不滿足於及格狀態，堅持做每一件事都精益求精的態度已經成為他的工作習慣，也正是這種良好的習慣成就了這位年輕人今天的位置。

一次，亞瑟去拜訪他的前老闆——這位著名的雕塑家。他發現，他在忙於雕刻一件雕塑作品。「我一直在給它修改潤色。」他指著雕塑對亞瑟說，「你看，現在是不是更有光澤了？面部表情也柔和了許多，還有……這裡的肌肉也顯得更加強健有力了。」

雕塑家說：「藝術的完美就在於精益求精。」當你工作時，也應該具有這樣的工作態度，要這樣嚴格的要求自己：能做到最好就不要做到差不多，盡量一次就把事情做好。

卡內基（Dale Carnegie）曾經說過：「任何一個人都沒辦法改變給人的第一印象，因為你的第一印象永遠留在人家的心裡。」有些人會說，我這一次沒有表達好、沒有表現好，以後我再來完善自己，但那只是徒勞而已。因為第一次實在是太重要了，一旦第一次出現差錯，就很難改變差錯的現實，因為小差錯所造成的影響和損失，需要付出雙倍甚至更多的代價才有可能彌補。

張恆在一家公司做內勤工作，負責公司裡的一些雜務事情。有一次，公司的影印機出了問題，總是卡紙，老闆讓他找人修理一下。經過修理人員的檢查，發現原來是進紙輪老化造成的。修理人員更換新的進紙輪後，影印機可以正常運轉了，但修理人員發現影印機的定影膜也有點問題，於是詢問張恆是否需要更換一個新的。

張恆認為既然影印機現在已經修好了，也就沒必要再動別的零件，再說自己下午還有別的事要辦呢，哪有時間陪修理員修這個。他心想，等有了問題再說吧！於是，就打發修理人員離開。修理人員走的時候，對他說道：「現在不換，過一兩個月後你還是得換！」

一個月後，當老闆影印一份重要文件的時候，發現影印機居然完全不能用了。他大發雷霆，叫來張恆：「你是怎麼辦事的！上個月才修了一次，現在就不能用了！上次修的時候你檢查了嗎？」

張恆想起了上次修理人員的提醒，覺得理虧，於是馬上打電話請修理人員過來，可對方說太遠，而且連續幾天的工作都安排滿了，如果他著急的話，只能他自己把機器搬過去才行。張恆只好灰頭土臉的叫計程車，並找人搬機器……

工作中，你是否也和故事中的張恆一樣，因為第一次沒把事情做對，所以之後要忙著改錯或是補救，使得工作越忙越亂，輕則浪費大量的時間和精力，重則被退件或報廢，給公司造成經濟或形象的損失。想想這些，你就能理解「第一次就把事情做對」這句話的分量。

在追求效率的現代社會裡，第一次就把事情做對，意味著付出的時間最少，節省的成本最多，取得的效果最好。

第一次就把事情做對、做好、做到位，是一個觀念，也是一個良好的工作習慣。它會節省我們很多的人力、物力、財力，使我們少走很多不必要的彎路。

工作中，要保證事情落實到位，我們就要用高標準來要求自己，在做事的過程中，爭取第一次就把事情做好，不給自己留下反覆補救的後遺症。

做老闆的得力助手

每一位成功的老闆身邊都有一兩個得力助手去幫助他排憂解難，幫他解決工作中或大或小的問題。如果你想展現自己的能力，謀得好的職位，就應該成為老闆身邊不可或缺的得力助手。

「金無足赤，人無完人。」老闆也是如此。工作千頭萬緒，用人管理千難萬難，疏忽和出紕漏在所難免。這時候，你就應該主動出面，幫助老闆排憂解難，往自己身上攬一些責任。無論哪個老闆都喜歡給自己「拾遺補闕」的員工，如果你在關鍵時刻給老闆來了個「落井下石」，你就要小心你的前途問題了。

某藥廠研究所的主任王立軍，就是因為不懂為老闆填補錯漏而自毀前程。

幾年前，王立軍從知名醫科大學畢業後被分配到這家製藥廠。由於王立軍學歷高、辦事能力強，很快就從藥廠的技術員調到藥廠研究所。沒過幾年，又從一名普通的研究員晉升為研究所辦公室主任。已過而立之年的王立軍，被事業上的一帆風順沖昏了頭腦，在關鍵時刻做出了一件傻事。有一次，研究所經過認真研究、驗證，推出了一套改革方案，由於在設計圖時出了差錯，導致整套方案全部「泡湯」，浪費了大量的人力、財力。在公司會議上，王立軍說：「這套設計圖是在老闆主持下完成的，其他人只是聽命辦事。」會後，老闆把王立軍叫到他的辦公室，冷冷的對他說：「王主任，你真會說話啊，有了過錯就往老闆身上推……」一席話說得王立軍目瞪口呆。沒過多久，王立軍被莫名其妙的免去了辦公室主任的職務，調到製藥廠做後勤工作了。

作為公司的領導人，老闆主宰公司的命運。但老闆也並非全才，在工作中他會遇到許多難題。這些難題也許不是你分內的工作，但如果你能發揮一榮俱榮的精神，主動的幫助老闆解決這些難題，無疑的會使公司獲得更大的成就，也能使你更受老闆的青睞，同時你也會在成功之路上前進的更快。

愛麗絲在一家商貿公司任國際市場部經理。她接到了一項緊急任務：根據給她老闆的留言，製作公司業務進展曲線圖表。愛麗絲在起草圖表時，注意到老闆寫道：「美元上漲，則出口就會增加。」這句話與愛麗絲瞭解到的事實恰恰好相反。於是，愛麗絲便通報老闆，告知老闆自己已經及時的糾正了這一錯誤。

老闆很感謝愛麗絲發現了他的疏忽。第二天，當愛麗絲向上呈報未出絲毫紕漏的圖表後，老闆對愛麗絲所做出的努力再次道謝。月底，愛麗絲便發現自己的薪酬有所增加。

在工作中，每一個員工都是老闆的助手，都需要處身處地的為老闆著想，以老闆的心態考慮問題，為老闆出謀劃策，真誠的提出合理的建議。特別是要在適當的時候，為老闆填補一些工作上的漏洞，成為老闆的得力助手。

有一次，公司裡召集各部門的負責人開會，準備安排下一階段的工作任務。在會議開始的彙報工作中，有一位主管由於工作責任心不強，不但幾項交辦的工作沒做好，還捅了婁子，結果搞得經理很情緒化的發了一頓脾氣，使會議氣氛變得十分緊張。祕書張珩目睹此景，便建議休會，先休息十分鐘。在休息的間歇，祕書張珩遞了一個紙條給經理，上面寫著：「經理，會前您曾說過，這個會議的主要議題是布置工作、動員人力，剛才的會議氣氛有點兒緊張，不利於這次會議的順利進行。有些問題似乎應該專門開會或會後再解決會更好。」

當恢復開會後，張珩發現經理已恢復了正常，並把會議引導到了正常的議程上。會議因此而圓滿的結束了。

會後，經理私下向祕書張珩表示了感謝。從此，張珩也越來越受經理的賞識了。

一般說來，時刻和老闆保持一致並幫助老闆解決難題的人，往往最終會成為企業中不可或缺的存在，自己也會成為令人豔羡的成功人士。所以在工作中，你要做好老闆的助手，不但要緊緊圍繞老闆的工作重點、難點、和疑點，以及事業發展目標、任務、方向竭盡全力展開工作，為老闆出謀出力；還要要端正自己的心態、擺正自己的位子，當一個好配角、好助手，多做拾遺補闕、彌補完善的工作。

用業績來證明你的能力

業績是一個企業的生命，也是檢驗員工個人能力的標準，沒有業績的員工，無法為企業創造利潤，更不會得到好的職位。

不管你在公司的地位如何，不管你的學歷如何，你想在公司裡成長、發展、實現自己的目標，你都需要用業績來做保障。只要你能創造出業績，你就能得到老闆的器重，獲得晉升的機會。因為你創造的業績是公司發展的決定性條件。

郭偉倫所在的公關部原定只有七人，有一人遲早會被裁員，加上部門經理位置一直空缺，於是便導致了內部鬥爭日益升級，進而發展到有人費盡心思搶別人的客戶。郭偉倫不喜歡這樣的氛圍，他始終默默無聞，不願意做出頭鳥。儘管論學歷、論工作態度、論能力和評價，他都不錯，但他在總經理面前的業績表現一直是最差的，被當作無能的人也是必然。

終於，人事部提前一個月下達的辭退通知給了郭偉倫，郭偉倫好像當頭挨了一記悶棍一般，半天也沒回過神來。他實在有點不甘心，但是同時也想明白了：沒有業績表現能力，是自己最大的缺點。

郭偉倫決定奮力一搏，機會終於來了。一個和公司即將簽約的大客戶提出要到公司來看看的要求。這個客戶是一家大型合資企業，一旦和這家大客戶簽下長期供貨合約，全公司至少半年內衣食無憂。來參觀的人當中有幾個是日本人，並且還是這次簽約的決策人物，這是公司所沒有想到的。見面時，因雙方語言溝通困難，場面顯得有點尷尬。就在公司總經理感到為難之際，郭偉倫不失時機的用熟練的日語與日本客人交談了起來，幫總經理救了場。郭偉倫陪同客人參觀，相談甚歡。他憑藉自己良好的表達能力和溝通能力，豐富的談判技巧和對業務的深入瞭解，終於順利的簽下了大單。

郭偉倫適時的把自己的能力表現出來，讓總經理對他大加讚賞。他在總經理心目中的分量也悄悄發生了變化。所以在一個月後，他不僅沒有被辭退，而且晉升為了部門經理。

假如你在職場中屢屢遭受失敗的打擊，總是拿不到高薪或獲得晉升，不妨靜心自省：我的業績是不是沒有達到最理想的狀態？假如答案是肯定的，那麼你就要努力把業績提升上去了。因為，一個人的工作業績最能證明他的工作能力，顯示他的過人之處，體現出他的個人價值；而且，透過績效考評的方式，業績的高低往往直接決定了他職位和薪水的高低。沒有能力改善公司業績或不能出色的完成本職工作的人，不但沒有資格要求企業給予獎勵，還將因自己的業績平庸而面臨被淘汰的危險。

劉樂榮大學畢業後，在一家私營企業做銷售員，這家企業主要的產品就是自行生產的遙控車庫鐵捲門，在當時，除了這家企業，所有生產遙控車庫鐵捲門的企業的原材料和配件都是從國外進口，然後自己組裝的。

劉樂榮在面試的時候就給企業的老闆留下了深刻的印象，所以，給了他非常高的待遇，但是同時要求他要做到銷售第一。

這一天，老闆把劉樂榮叫到辦公室，給了他一份客戶資料並告訴他一定要在三天內把此訂單簽下來。公司先後已經有五位業務員找那位客戶談業務，但都被他拒絕了。劉樂榮知道自己遇到難題了。

第二天，劉樂榮來到了這個客戶的公司，見到了總經理。「你好，我是……」還沒有等他說完，對方就不耐煩的擺擺手說道：「走、走、走！我現在非常的忙！」表現得非常無禮。

劉樂榮非常生氣，自己一個大學畢業生憑什麼受到這樣無禮的待遇？於是他扭頭就走。可是，他又有點不甘心，於是他又站住了，轉過身，重新來到那位客戶的辦公桌前，對他說道：「請問經理，您的公司有沒有像我這樣的業務員呢？」

這位經理連看都沒有看劉樂榮一眼，說道：「你這樣的業務員是不合格的業務員，我的公司當然沒有了，我的業務員都是非常厲害的。」

「那麼請問你為什麼不用我這樣的業務員呢？」劉樂榮忽然覺得，我一定要把這個大客戶訂單拿到手，做銷售第一。於是他繼續問道。

「因為你這樣的業務員是最無能的業務員，根本不能給我創造利潤，而且還要浪費我大量的時間和精力，我當然不會用了。」這位經理回答。

劉樂榮聽到這位經理的話的時候，立刻有了銷售靈感，他看著對自己不屑一顧的經理，喃喃自語道：「原來如此，如果我就這樣回去了，就會被我的老闆開除，因為我的老闆會跟你一樣不喜歡我這樣沒有能力的業務員。」

劉樂榮的話果然起了效果，那位經理終於抬頭看他，劉樂榮於是趁機對他說道：「為了證明我是一位優秀的業務員，同時也是為了不被像你這樣的老闆所炒掉，我們重新開始談談吧！」接下來，劉樂榮和這位經理聊得非常開心，最後他和劉樂榮簽訂了大額的訂單。

於是，劉樂榮很快在公司裡得到了晉升。

由此可見，如果你也想迅速在公司得到晉升，那麼唯一的辦法就是提升業績，直到成為第一。作為現代企業的一名員工，在工作過程中必須用自己的成績去證明自己的能力和價值，必須對企業的發展有貢獻，這樣你才能得到老闆的重用，謀得好的職位。

第二章　好職位偏愛不斷進取的人

不斷進取是一種不斷要求上進、立志有所作為的心理狀態。在工作中，不斷進取的人往往有理想、有志氣，積極肯做，不怕困難。這樣的人，不管在任何的工作職位上，都會自我激勵，攻堅克難，成為企業的核心員工。

做個有企圖心的員工

何謂企圖心?企圖心就是我們常常說的野心，指一個人做成某件事情，或達成既定目標的意願。

傳統思維對「企圖心」是排斥的，自古以來，「企圖心」在多數人的眼中是個貶義詞。如果你形容一個人有「企圖心」，那就表示這個人的占有欲很強，好像要搶走別人的東西似的，他會很不高興。不過，現在有心理專家研究表明，「企圖心」是成功的關鍵因素。企圖心的強烈程度，取決於意願的大小。如果意願越強烈，說明企圖心越大，成功的可能也就越高。

巴拉昂是一位年輕的媒體大亨，靠推銷裝飾肖像畫起家，不到十年時間，就迅速躋身法國五十大富翁之列，一九九八年因病去世。臨終前，他留下遺囑，除了把自己的巨額資產捐獻給醫院外，另有一百萬法郎作為獎金，獎勵給揭開貧窮之謎的人。

他在遺囑中說：「我曾是一個窮人，但去世時卻是以一個富人的身分走進天堂的。在跨入天堂的門檻之前，我不想把我成為富人的祕訣帶走，現在這個祕訣就鎖在法蘭西銀行裡我的一個私人保險箱內，保險箱的三把鑰匙分別在我的律師和兩位代理人手裡。誰若能透過回答窮人最缺少的是什麼而猜中我的祕訣的話，他將能得到我的祝賀。當然，那時我已無法從墓穴中伸出雙手為他的睿智祝賀，但是他可以在那個保險箱裡拿走一百萬法郎獎金，那就是我給予他的掌聲。」

當這份遺囑在報紙上刊登後，多如雪片般的信件飛到了報社。人們是怎麼回答的呢？絕大多數人認為，窮人最缺少的是金錢，有了錢就不是窮人了。還有一些人認為，窮人最缺少的是機會，一些人之所以貧窮，那是因為沒遇到好機會。另一些人認為，窮人最缺少的是技能，或者是幫助和關愛，或者缺少漂亮的外套。

在巴拉昂逝世周年紀念日，那個保險箱在公證部門的監視下被打開了。在四萬八千五百六十一封來信中，只有一位叫蒂勒的小姑娘猜對了巴拉昂的祕訣，那就是窮人最缺少的是企圖心，即成為富人的企圖心。

企圖心，實際上就是一種生活目標，一種人生理想。它是人們成功的原動力，動力越大，其行動就越有力量，行動越有力量，實現夢想的機率就越大。所以，如果你想獲得成功，你就必須要讓你自己的企圖心變得非常強烈，只有擁有強烈的野心才能使你飛速進步。

這個時代是一個需要企圖心的時代，越來越多的成功者坦承自己的企圖心在事業成功中起了重要作用。「企圖心」是一個人充分施展自己才能、發揮強烈的自我驅動力和追求成功的最大動力。

井植歲男是日本三洋電機公司的創辦人，他在一九四七年創立三洋電機公司時，公司只有二十個人，從一間小工廠起步，到一九九三年，該公司已發展成為一個跨國經營的大企業。

井植歲男性格豪放，決斷大膽，處事不拘小節。井植歲男從姐夫的公司出走自己創立「三洋」，是其企圖心的體現，經過幾十年的艱苦經營，把「三洋」發展成為世界級的大企業，也是其企圖心所結出的碩果。

而許多人卻因為沒有企圖心而失去致富的機會。

一九五五年，井植歲男曾試圖鼓勵其所僱用的園藝師傅自己創業，但這位園藝師傅卻因為缺乏企圖心而失去一個致富的機會。

有一天，他家的園藝師傅對井植說：「社長，我看您的事業越做越大，而我卻像一隻樹上的蟬，一生都停在樹幹上，真是太沒出息了。請您教我一點創業的祕訣吧？」

井植點點頭說：「行！我看你比較適合園藝工作。這樣吧。在我的工廠旁有兩萬坪的空地，我們來合作種樹苗吧！多少錢能買到一棵樹苗呢？」園藝師傅回答說：「五十元。」

井植又說：「好！以一坪種兩棵來計算，扣除走道，一萬坪大約種二萬棵，樹苗的成本是不是一百萬元。那三年後，一棵可以賣多少錢呢？」

「大約三千元。」

「一百萬元的樹苗成本與肥料費由我來支付，往後三年，你負責除草和施肥的工作。三年後，我們就可以收入六百多萬元的利潤。到時候我們每人一半。」

聽到這裡，園藝師傅卻拒絕說：「哇！我可沒有那麼大的企圖心敢做那麼大的生意！」

最後，他還是在井植家中栽種樹苗，按月拿取薪水，白白失去了難得的致富良機。

為了謀得好的工作職位，我們一定要懷有「企圖心」，對於未來要抱有良好的願景，只要可能，都不妨嘗試看看，這樣才能更好的發展自己。

強大的企圖心是驅使我們走向事業高峰的動力。美國哈佛大學的畢業生有一個共同的特點，就是都有著自命不凡的心態和企圖心！「世界最優秀的人才是我們！」「我能成為世界上最大、最好的公司的執行長！」就是這種企圖心，成為哈佛的寶貴財富，造就了一批又一批政治家、科學家和工商管理精英。難怪一位留洋歸來的學者曾經說過：「臺灣的年輕人與國外的年輕人相比，最大的差別就是有志向而無企圖心！」

企圖心是人類行為的推動力，人類透過擁有「企圖心」，才可以有動力獲取事業的成功。如果一個人具有「企圖心」，證明他具備常人所沒有的能力，有了「企圖心」，他就會在生活與工作中充滿激情，才會更有可能先於他人抵達成功的彼岸。

制定遠大的職涯目標

一個人之所以偉大，是因為他樹立了一個偉大的目標。偉大的目標可以產生偉大的動力，偉大的動力導致偉大的行動，偉大的行動必然會成就偉大的事業。小目標換來小成功；大目標換來大成功，這個成功規律永遠不會改變。因此，只有擁有一個遠大的目標，才能夠高瞻遠矚，取得大的成功。

在一個豔陽天，一群人正在鐵路的路基上工作。這時，一輛火車緩緩的開過來，勞動的人只好放下工具。火車停下來後，最後一節特別裝有空調設備的車廂的窗戶忽然打開了。一個友善的聲音從裡面傳出來：「大衛，是你嗎？」這群人的隊長大衛回答說：「是的，吉姆，能看到你真高興。」寒暄幾句後，大衛就被鐵路公司的董事長吉姆邀請上去了。這兩人經過一個多小時的閒聊後，握手話別，火車又開走了。

這群人立刻包圍了大衛，他們都對他居然是鐵路公司董事長的朋友而感到吃驚。大衛解釋說，二十年前他與吉姆在同一天開始為鐵路公司工作。

有人半開玩笑的問大衛說：「為什麼你還要在大太陽下工作，而吉姆卻成了董事長？」大衛說了一句意味深長的話：「二十年前我為每小時一點七五美元的薪水而工作，而吉姆卻為了鐵路事業而工作。」

正如大衛所說，他們兩人二十年後的境遇相差如此遙遠，是由他們各自選擇的目標所決定的。按一般的觀點來看，吉姆比大衛要成功得多了，一開始前者的目標就比後者的遠大並具有挑戰性。一旦這樣的目標樹立以後，就必須付出超過常人的努力，堅持不懈的做下去，當然二十年後結果就不一樣了。

從這個例子我們可以看出，目標確定了我們前進的方向。我們的目標越遠大，我們的努力就越有價值；我們的目標越宏偉，我們的工作也就越有成就。

有個人經過一個建築工地，問那裡的瓦匠們在做什麼，三個瓦匠有三種不同的回答。

第一個瓦匠回答：「我在砌磚。我要做養家糊口的事，混口飯吃。」

第二個瓦匠回答：「我在築牆。我能做一個最棒的瓦匠。」

第三個瓦匠回答：「我正在蓋一座大樓。」

十年後，第一個人依然在砌磚；第二個人在辦公室畫設計圖——他成了工程師；而第三個人呢，他成了前兩個人的老闆。

無獨有偶。有三個從農村到都市工作的年輕人，他們在同在一家煉鐵廠工作。廠裡的工作辛苦，薪水又不高。下班後，三個人都有各自有自己的兼差。一個到城裡去踩三輪車，一個在街邊擺了一個修車攤，還有一個在家裡看書以及寫點文章。踩三輪車的人錢賺得最多，甚至高過本薪；修車的也不錯，能應付柴米油鹽的開銷；看書寫字的那位雖沒有收入，但也活得從容。

有一天，三個人說起自己的目標和願望。踩三輪車的人說：「我以後天天有客人就很滿足了。」修車的說：「我希望有一天能在都市裡開一間修車廠。」喜歡看書寫東西的那個人想了很久才說：「我以後要開煉鐵廠，我想靠我的文字吃飯。」其他兩位當然都不信。

五年過去了，他們還是過著同樣的生活。十年後，修車的那位真的開了一家修車廠，自己當起了老闆。踩三輪車的那位還是下班了去都市裡載客人。十五年後，愛看書寫字的那位發表的一些作品，引起了不少關注。二十年後，他的作品被一家出版社看中，本人也調到市中心當了編輯。

以上的兩個故事告訴我們：目標的大小與一個人的成就有直接的關係。不同的目標就會有不同的人生。一個人奮鬥的動力來自於定下的不凡目標，不凡的成功歸功於對目標孜孜不倦的投入。當我們在人生長河中揚帆遠航的時刻，千萬不要忘記樹立遠大目標。

堅定的朝著目標奮進

有一對兄弟從鄉下來到都市打拚，他們既沒有學歷又沒有工作經驗，幾經波折才被一家禮品公司招聘為業務員。

兄弟二人沒有固定的客戶，也沒有任何的背景，每天只能提著沉重的鑰匙圈、相框、手電筒以及各種工藝品的樣品，沿著城市的大街小巷去尋找買主。半年過去了，他們跑斷了腿、磨破了嘴，仍然到處碰壁，連一個鑰匙圈也沒有推銷出去。

無數次的失望磨掉了弟弟最後的耐心，他向哥哥提出兩個人一起辭職，重新找出路。哥哥說，萬事起頭難，再堅持一陣，也許下一次就有收穫呢。弟弟不顧哥哥的挽留，毅然告別了那家公司。

第二天，兄弟倆一起出門。弟弟按照招聘廣告的指引到處找工作，哥哥依然提著樣品四處尋找客戶。那天晚上，兩個人回到出租屋時卻是兩種心境：弟弟求職無功而返，哥哥卻拿回來推銷生涯的第一張訂單。一家哥哥已經四次登門拜訪過的公司要召開一個大型會議，於是向他訂購二百五十套精美的工藝品作為與會代表的紀念品，總價值二十多萬元。哥哥因此拿到兩萬元的提成，淘到了工作的第一桶金。從此，哥哥的業績的不斷攀升，訂單一個接一個而來。

幾年過去了，哥哥不僅擁有了汽車，還擁有一百多坪的房子和自己的禮品公司。而弟弟的工作卻仍像走馬燈似的換著，連穿衣吃飯都要靠哥哥資助。

弟弟向哥哥請教成功真諦。哥哥說：「其實，我成功的全部祕訣就在於我比你多了一份堅持。」

這個故事告訴我們，獲得成功的法則是很簡單的，那就是鍥而不捨，只要你能堅持到底，你就會贏得最後的勝利。只要你選擇了目標，選對了適合自己的路，並不顧一切的走下去，就一定能成功。確立了目標並能堅定的鎖定目標的人，才是最有力量的人。

王振瑋是屏東一家保險公司的推銷員，他每天騎著一輛破舊腳踏車到處拉保險。不幸的是，成績始終是一片空白。可是，王振瑋毫不氣餒，晚上即使再疲倦，他也要一一發郵件給被白天訪問過的客戶，感謝他們接受自己的訪問，力邀他們加入投保的行列，每一字每一句都寫得誠懇感人。

可是，任憑他再努力、再勞累，也沒有產生效果。兩個月過去了，他連一個顧客也沒有拉到，上司催他催得也是越來越緊……

勞累一天回到家，他常常連飯也沒心情吃，雖然嬌妻溫順體貼，但一想到明天，他就全身直冒冷汗。

他愁眉苦臉的對妻子說：「從前，我以為一個人只要有明確的目標，然後認真、努力的工作，就能做好任何事情。但是這一次，我錯了。因為事實顯然並不是如此！我辛辛苦苦的跑了兩個月，然而，卻連一個客戶也沒有拉到。唉！保險工作，實在很不適合我，不如換個工作吧……」

妻子勸告他說：「堅持下去，就有轉機。」王振瑋聽從了妻子的勸告。

王振瑋曾想說服一家私人企業的老闆，讓他的員工全部投保。然而那位老闆對此毫無興趣，一次又一次的拒王振瑋於門外。當他在第六十九天又一次的來到這位老闆公司來的時候，這位老闆終於被他的誠心所感動，同意為全公司的員工投保。

他成功了！因為選定目標且堅持不懈，使他後來成了著名的保險推銷員。

可見，在工作中，一旦確立了目標，我們就要有始無終，摒棄半途而廢的壞習慣，否則不可能出色的完成任何任務。

在工作中，如果你有能力，業績卻遠遠落後於其他人，不要怪東怪西，最好自我反省一下：自己是否樹立了明確的目標？是否善始善終的把工作進行到底了？如果不是，就要好好的正視你為什麼失敗的原因了。對於任何一件工作，只要有了明確的目標，要不就不做，要做就要有始有終，徹徹底底的去完成它。

凡事豫則立，不豫則廢。有目標的人，他的每一天總是充實的，因為目標總在召喚著他，未來總是向他展開笑臉。堅持自己目標前進的人，整個世界都會給他讓路。

全力以赴做到最好

無論做任何事，一定要竭盡全力，因為它決定著一個人日後事業上的成敗。一個人一旦領悟了全力以赴的工作能消除工作辛勞這一祕訣，他就掌握了打開成功之門的鑰匙了。如果能處處以主動盡責的態度工作，即使從事最平庸的職業也能增添個人的榮耀。

美國前參謀長聯席會議主席柯林．鮑爾（Colin Luther Powell），曾是一家汽水廠的清潔工人，當時他的工作是負責把地板擦乾淨。柯林．鮑爾認為這個工作單調無味，沒有發展前途，所以他非常厭倦這份工作。後來，有一個朋友跟他說了一個關於挖溝人的故事。有三個人一起挖溝。第一個拿著鏟子說他將來一定會做老闆；第二個抱怨工作時間長，報酬低；第三個只是低頭挖溝。過了若干年後。第一個仍在拿著鏟子挖溝；第二個虛報工傷，找到藉口退休了；第三個呢？他成了那家公司的老闆。故事講完後，朋友意味深長的對他說：不管你做什麼，總會有人注意的！從此後，柯林．鮑爾打定主意，要做個最好的拖地工人。

有一次，柯林．鮑爾剛剛將地板擦乾淨，有人就打翻了五十箱汽水，弄得滿地都是黏乎乎的棕色泡沫。他很生氣，但還是耐著脾氣擦乾淨地板。過了不久，主管對他說：「你擦地板擦得真乾淨。」第二年，他被調往裝瓶部，第三年升為副主管。以後，柯林．

鮑爾始終記得這個道理：凡事全力以赴。他知道，不管自己做什麼，總會有人注意的！

柯林．鮑爾的故事告訴我們：在職場中，無論做什麼工作、擔任什麼職位，我們都要全力以赴，不要辜負自己的才能。因為沒有一份工作是卑微到不值得好好去做的。

想在工作中表現得更出色，辦法只有一個，那就是全力以赴的投入工作。無論身處怎樣的境遇，遭遇怎樣的困難，都不要放棄努力，而應該竭盡全力的做到最好，這樣一來應該會心想事成的。

無數的事實證明，成功沒有捷徑可走，任何希望謀取好職位的人都必須全力以赴的做好每一件工作。

成功者和失敗者的分水嶺在於成功者無論做什麼，都力求達到最佳境地，絲毫不會有所放鬆；成功者無論從事什麼職業，都不會輕率疏忽。所以，作為一名員工，你應該永遠帶著熱情和信心去工作，應該全力以赴，不找任何藉口。要知道得過且過的人在任何一個企業都很難得到提拔和加薪的。

李嘉誠曾說過：「做生意不需要學歷，重要的是全力以赴。」傑克．威爾許（Jack Welch）也說過：「做事業實際上並不太依靠人的智慧，關鍵在於你能否全心投入，並且不怕辛苦。實際上，經營一家企業不是一項腦力工作，而是體力工作。」可見，在我們的工作中，學歷和能力並不一定是最重要的，但如果不全力以赴的投入工作，就無法在職場中取得優異的成績。

出身名門的野田聖子，三十七歲就當上了日本內閣郵政大臣。而她的第一份工作，是在帝國酒店當行政人員。不過，在受訓期間，聖子竟然被安排去清潔廁所，每天都要把馬桶擦得光潔如新才算合格。可想而知，在最初的日子裡，聖子的感覺是多麼的糟糕。當她第一天碰到馬桶的一剎那，她幾乎想吐。很快的，聖子就開始討厭這份工作，做起工作來也馬馬虎虎的。

一天，一位與聖子一起工作的前輩，在擦完馬桶後，居然伸手捧了滿滿的一大杯廁水，然後當著她的面一飲而盡，以此向聖子證明，經他清潔過的馬桶，乾淨得連裡面的水都可以用來飲用。前輩這一出人意料的舉動，使聖子大吃一驚。她發現自己在工作態度方面存在著問題，根本沒有在社會上肩負起任何責任。於是，她對自己說：「就算這一輩子都得洗廁所，也要當個洗廁所洗得最出色的人。」訓練結束的那一天，聖子在擦完馬桶後，也毅然盛了滿滿的一大杯廁水，並自豪的喝了下去。這次經歷，也成了野田聖子日後做人處世的精神力量泉源。

如果我們在工作中真正的拿出敬業的精神，時刻保持最佳的工作狀態，無論做什麼事都全力以赴，追求盡善盡美，那無論我們從事的是什麼工作，身陷怎樣的困境，處於怎樣平凡底層的職位，都能在最短時間獲得成長和發展的機會，為自己的成功踏踏實實的奠定基礎。

一天，獵人帶著獵狗去打獵。獵人一槍擊中一隻兔子的後腿，受傷的兔子開始拼命的奔跑。獵狗在獵人的指示下也是飛奔而出去追趕兔子。可是追著追著，兔子跑不見了，獵狗只好悻悻的回到獵人身邊，獵人開始罵獵狗了：「你真沒用，連一隻受傷的兔子都追不到。」獵狗聽了很不服氣的回道：「我盡力而為了呀。」

兔子帶著傷終於跑回洞裡，牠的兄弟們都圍過來驚訝的問牠：「那隻獵狗很凶呀，你又受了傷，怎麼跑得過牠的？」「牠是盡力而為，我是全力以赴呀，牠沒追上我，最多挨一頓罵，而我若不全力的跑的話我就沒命了呀。」

所以，如果你以前在工作中遇到過挫折和坎坷，請回想一下，是否是因為自己當時僅僅是盡力而為了卻並沒有全力以赴的去對待工作呢？

如果你想要成功卓越，你就得全力以赴，把你所有的力量都拿出來，全力以赴的去行動，一個目標一個目標的去攻克，一個小問題一個小問題的去解決，直到實現你的大目標。

一個人能在否工作中創造出成績，關鍵不在於他的能力是否過人，也不在於外界的環境是否足夠優越，最關鍵是在於他是否竭盡全力。只要竭盡全力，即使他所從事的僅是簡單平凡的工作，仍然可以在工作中創造出傲人的成績。

全心全意，全力以赴，潛能才可能得以盡顯。如果你想做一個成功的人，你就必須全力以赴的對待任何一件事，哪怕只是一件小事情，如果你想做一名優秀的員工，那你必須全力以赴的工作；如果你想獲得高薪和提拔，同樣你必須全力以赴。只有全力以赴的人，才是企業最需要的人，也只有全力以赴的人，才是最容易獲得老闆青睞的人。

追求卓越，創造輝煌

在這個競爭日益激烈的時代裡，我們每個人被賦予了特殊的責任和使命，那就是追求卓越，創造輝煌。卓越是一種追求，它是將自身的優勢、能力，以及所能使用的資源，發揮到極致的一種狀態。

追求卓越與追求成功是一個人自我價值的一種取向，卓越不是一個標準，而是一種境界。它不是優秀，它是優秀中的最優秀。

曾經有一位跳槽到微軟的業務員叫哈利，他總是認為自己很優秀。有一個月，他拜訪了十位顧客，最終成交了五位。這對於其他公司的業務部來說，已經算是高效率。於是哈利找到比爾蓋茲（William Henry Gates III）說：「老闆，我拜訪十位顧客成交了五位，你是不是應該給我獎勵一輛車或是增加一點獎金？」

比爾蓋茲的反應卻一點也不興奮，只是聳了一下肩膀說：「十位顧客成交了五位，另外五位被競爭對手給搶走了。你居然還敢跟我來要獎金！」於是哈利馬上去找那另外五位顧客，說服他們也成為了微軟的客戶。

十位顧客都被自己拿下後，哈利又去找比爾蓋茲說：「報告老闆，我拜訪十位顧客成交十位，已經做到了完美無缺的程度。」

比爾蓋茲還是不滿意：「你還是在浪費時間，你的業績對於公司的整體發展沒有任何帶動。我問你，第十一位顧客在哪裡？」

哈利一聽傻眼了，在其他公司他都是頂尖的，可到了微軟公司，竟然被臭罵了兩次。

於是下一個月，哈利更加努力了，他一共拜訪了十一位顧客，又全都成交了。於是他又找到比爾蓋茲說：「老闆，你看，我拜訪了十一位成交了十一位，成功率還是百分之百。」

比爾蓋茲卻說：「現在，你已經被開除了，因為其他業務員都拜訪並且成交了十二位以上，而你是公司的最後一名。」

事實上，所有公司都只會保留那些能夠創造卓越業績的人。不僅是比爾蓋茲，所有大公司的管理者都不願意看到員工在工作中悠然自得的樣子，更容不得員工在他的面前顯露出一副洋洋得意、滿足於現狀的樣子。作為一個員工，不管你曾經取得多麼大的成績，只要你喪失進取心，不能達到卓越的程度，那你的下場只有走人。

微軟公司之所以享譽全球，靠的就是公司全體員工的努力。比爾蓋茲就曾無數次告誡自己的員工：「要麼卓越，要麼出局。」「工作需要付出百分之百的熱忱及努力。能完成百分之百的事，就不要只完成百分之九十九，雖然僅有百分之一的差距，但正是這百分之一，不但會反映出你對工作的態度、作風，而且也會徹底改變你的人生。」比爾蓋茲要求不論任何層級的員工，都必須要在其位，謀其事，努力工作，不斷進取。

追求卓越是一種工作態度，是一種價值取向，是一種義不容辭的責任。卓越不分職位大小，每個人、每個職位都可以卓越。

卓越是一種精神，「追求卓越」給我們帶來了職涯發展的目標和動力，帶來了認真做好自我管理的理由，更帶來了能促使我們激情澎湃、忘我工作、不懈努力的精神。完全可以這麼說，如果你渴望在職業生涯中做出非凡的業績，那麼「追求卓越」的精神就是你所不可或缺的。

積極進取，超越平庸

對於一個人的生命來說，沒有什麼是比進取心更為重要的了。如果我們的態度是消極而狹隘的，那麼，與此對應的就是平庸的人生。所以我們必須以高於普通人的眼光來看待自己，否則，我們只會是一個小人物。

奧格・曼狄諾（Og Mandino）是當今世界上最能激發起讀者閱讀熱情和自學精神的作家。他出生於美國東部的一個平民家庭。在二十八歲以前，他曾有過一個美滿的生活。但是後來，他遭遇到了人生的不幸，失去了自己一切寶貴的東西——家庭、房子和工作，幾乎是一貧如洗。於是，他如同盲人騎瞎馬般的開始到處流浪，尋找自己、尋找賴以度日的種種答案。在一次偶然的機會裡，他認識了一位受人尊敬的神父，也許是由於他蒼白的臉龐和憂鬱的眼神，神父與他展開了交談，並解答了他所提出的許多困惑人生的問題。臨走的時候，神父送給他十二本書，讓他從中找到了做人的道理。

從此，奧格・曼狄諾找到了自己的生活熱情和勇氣。在以後的日子裡，他賣過報紙、推銷過產品、當過銷售經理……在這條他所選擇的道路上，充滿了機遇，也滿含著辛酸。不過，他已經戰勝了自己，因為他擁有了一種進取的力量，他認為一個人要想做成大事，絕不能缺少進取的力量，進取的力量能夠驅動人不停的向上提高自己的能力，把成大事者的天梯搬到自己的腳下。在這種力量的驅使下，終於，在三十五歲生日的那一天，他創辦了自己的企業——《無限》雜誌社，從此步入了富足、健康、快樂的樂園，並在四十四歲的時候出版了《世界上最偉大的推銷員》。該書一經問世，拜讀過的不同國籍、不同階層、數以百萬計的讀者信任並感激著奧格・曼狄諾，他們在書裡發現了擺脫苦難的魔力，找到了照耀幸福的火炬，並因此改變了生活的軌跡。事後，有人問曼狄諾如何走向成功？他斬釘截鐵的回答說：「因為我的身上有一股進取的力量，這股力量的來源就是我有一顆進取心。」

由此可見，進取心是一個人能成功最重要的原因之一，是一個人不斷成長、不斷取得新成績的直接動力。沒有進取心，就很難產生成功的動力，成功也就少了支點。

推銷之神原一平在一九三六年時的銷售業績，已經是在全公司名列第一了，但他並沒有因此而滿足，仍然保持著強烈的進取心，他構思了一個大膽而又創新的銷售計劃，找明治生命保險公司的董事長串田萬藏，要一份介紹日本大企業高階人員的「推薦函」，大幅度、往更高層次的推銷保險業務。因為串田先生不僅是明治保險公司的董事長，還是三菱銀行的總裁、三菱總公司的理事長，是整個三菱財團名副其實的最高首腦。原一平透過他經手的保險業務，不但可以打入三菱的所有組織，而且還能打入與三菱有關聯的最具代表性的全部大企業中。

但原一平並不知道保險公司早已有著被嚴格遵守的規範：凡是從三菱來明治工作的高階人員，絕對不介紹保險客戶，當然這也包括董事長串田。

為了這個突破性的計劃，原一平坐立不安，他咬緊牙關，發誓要實現自己的銷售計劃。他非常有信心的推開了公司管理銷售業務的常務董事阿部先生的門，請求他代向串田董事長要一份「推薦函」。阿部聽完原一平的計劃後，默默的瞪著原一平不說話，過了很久，阿部才緩緩的說出了公司的規定，回絕了原一平的請求。原一平卻不肯打退堂鼓，問道：「常務董事，能不能讓我自己去找董事長，當面提出請求？」阿部的眼睛瞪得更大了，更長時間的沉默之後，說了六個字：「我姑且一試吧。」說完，就擠出一副面有難色的笑容，把原一平打發離開了。

過了幾天，原一平終於接到了約見通知，興奮不已的他來到三菱財團總部，經過了層層關卡與漫長的等待，原一平的興奮勁被耗去了大半。他疲乏的倒在沙發裡，迷迷糊糊的睡著了。不知過了多長時間，原一平的肩頭被戳了幾下，他渾渾噩噩的醒來，狼狽不堪的面對著董事長。串田大聲說到：「找我有什麼事？」原一平還沒有清醒過來，當即就被嚇得差點說不出話來，想了一會兒才結結巴巴的講了自己的銷售計劃，剛說出：「我想請您介紹……」串田就截斷他的話：「什麼？你以為我會介紹保險這玩意兒？」

原一平在來這裡之前，就想到過自己的請求會被拒絕，還準備了一套辯駁的話，但萬萬沒有料到串田會輕蔑的把保險業務說成「這玩意兒」。他被激怒了，大聲吼道：「你這混帳的傢伙。」接著又向前跨了一步，串田連忙後退一步。「你剛才說保險這玩意，對不對？公司不是一向教育我們說：『保險是正當的事』嗎？你這樣還是公司的董事長嗎？我這就回公司去，向全體同事傳達你所說的話。」原一平說完轉身就走了。

一個無名的小職員竟敢頂撞、痛斥高高在上的董事長，使串田十分生氣，但對小職員話中「等著瞧」的潛台詞，又不得不認真的去思索。

原一平走出三菱大廈後，心裡非常不平靜，他對自己的計畫被拒絕又是氣惱又是失望，當他無可奈何的回到保險公司，向阿部說了事情的經過，剛要提出辭職，電話鈴響了，是串田打來的，他告訴阿部，原一平剛才對他的惡語相向，他十分的生氣，但原一平走後他再三深思。串田接著說：「保險公司以前的規範確實有偏差，原一平的計畫是正確的，我們也是保險公司的高級職員，理應為公司貢獻一分力量幫助擴展業務。我們還是參加保險吧。」

放下電話後，串田馬上召開臨時董事會。會議上決定，凡是三菱的有關企業必須把全部退休金投入明治公司，作為保險金。」原一平的頂撞痛斥，不僅贏得了董事長的敬服，還獲得了董事長日後充滿善意的全面支援，他慢慢的實現了自己的宏偉計畫：三年內創下了全日本第一的推銷紀錄，四十三歲後，十五年裡一直保持著全國推銷冠軍，連續十七年推銷額達到百萬美元。

正是由於原一平有著積極進取的精神，他才能取得如此巨大的成就。工作中，我們必須希望自己能擁有更高的職位，以督促自己努力得到它；否則，我們永遠也得不到。不要懷疑自己有實現目標的能力，否則，就會削弱自己的決心。只要我們在憧憬著未來，我們其實就是在向著目標前進。

第三章 勤奮努力謀得好職位：好職位偏愛將勤補拙的人

勤奮努力是謀得好職位的前提，只有勤勤懇懇、扎扎實實的工作，才能把自己的才能和潛力全部發揮出來，才能在短時間內創造出更多的價值。要想在這個人才輩出的時代走出一條完美的職涯軌跡，唯有依靠勤奮的美德——認真的對待自己的工作，在工作中不斷進取。

勤奮是通往成功的必經之路

勤奮工作，是一種敬業精神，是對既定目標的追求，也是一個優秀員工所必備的特質。常言道「勤能補拙」。成功的人不一定是最聰明的人，但他一定是一個勤奮的人。

有三個很要好的年輕人，一起在一台電腦前做了一個成人智商測試。

甲某首先進行智商測試，電腦顯示：你的智商直逼愛因斯坦，前途無量。甲某高興萬分。接著乙某的智商測試結果也出來了：你的智商有如常人，請多多努力。乙某不慍不惱。最後輪到丙某進行智商測試時，電腦顯示：你的智商不及格，一切努力徒勞無益。丙某感到沮喪悲傷。

做完測試回家後，丙某下決心努力工作，奮發向上；乙某見丙某勤奮，也跟著加倍努力；只有甲某天天滿足於著自己的高智商，坐等「前途無量」的結局。

三年後，丙某已升為營業部經理，乙某也被提拔為辦公室主管，甲某卻仍是公司的普通職員。他們又到當初進行成人智商測試的電腦，測試結果與上次完全相同。這時丙某哈哈大笑，乙某仍不慍不惱，甲某卻羞怒萬分，一拳砸在電腦上。電腦挨了一拳，螢幕顯示：「打我沒用！智商不等於成功，努力才是關鍵！」

由此看來，事業的成功與智商兩者沒有必然關聯。智力是一種先天條件，要想創造輝煌的人生，還要依靠後天的勤奮努力。

梅蘭芳年輕的時候去拜師學戲，師傅說他生者一雙死魚眼，眼神灰暗、呆滯，根本就不是學戲的料。天資的欠缺並沒有使他灰心，反而促使他更加勤奮。他餵鴿子，每天仰望天空，雙眼緊跟著鴿子，窮追不捨；他養金魚，每天俯視水底，雙眼跟著遨遊的金魚，尋蹤覓影。後來梅蘭芳終於把他的眼睛練就成一汪清澈的秋水，熠熠生輝，脈脈含情，最終他成了著名的京劇大師。

凡是學業有成的名家學者，在談到自己讀書治學的成功之道時，無一不提及「勤奮」二字。

李星學是知名的古植物學家和地層學家。他曾在《自述》中寫道：「我這個人其實並不聰明，學識也不在一般人之上，之所以大半生還能做些工作，多少是由於始終銘記著前輩教誨的這樣一句話：『勤奮的人雖然不一定都會成功，但成功的人沒有一個不是勤奮的。』我深深感到：『勤奮是做學問和立身之本。』」

李星學小時智力並不超群，入學又比一般人晚，國中時他的同班同學都比他小了二、三歲，學習成績卻大多在他之上。李星學國中時語文基礎比較差，上高中時，他便下定決心提高語文成績。為了做到這一點，他除了課堂的學習和完成老師給的作業以外，還利用寒暑假大量閱讀中外小說、古文，特別注意文章中的章法結構，此外他還持之以恆的寫日記。由於他的勤奮努力，僅僅兩年功夫，他的語文表達能力就有了很大提高，語文成績也後來居上，名列前茅。

李星學高中畢業之際，正值七七事變，他在家鄉做了半年宣傳抗日、保家衛國的工作，使得學業有所荒廢，以至於在一九三八年的大學考試中名落孫山。他的一位國中老師卻開導他說，勝敗乃兵家常事，只要勤奮努力，總有成功之日。於是，李星學決定留在他叔叔家裡繼續溫習功課。為勉勵自己，他把自己的臥室命名為「三三齋」，把條幅貼在門後。他所堅守的「三三」，第一個三是「三抓」：即數理化抓基礎；語文、英語抓訓練；其他抓重點。第二個三是「三不」：不逛街、不會友、不貪睡。他就這樣閉門苦讀數月，後來考上了國立大學。

李星學在《自述》中深有感慨他說：「如果當年學外語稍有猶豫，或缺乏持之以恆的勤奮精神，就不可能取得這點小小的成績」。

勤奮是一種不能丟棄的美德和特質，無論從事何種工作，身居何位，都要牢記勤奮這一傳統美德，勤奮的做人，勤奮的做事，勤奮的學習和累積——唯有勤奮者才能成就不平凡的成就。

機遇更鍾情於勤奮工作的人

機遇與勤奮是一對孿生兄弟。機遇是成功的平台，而只有勤奮，才能獲得更多機遇，也才能學到充分利用機遇的本領。

安迪是某建築工程公司的執行經理，而幾年前他是作為一名送水工被這一支建築隊招聘進來的。但安迪並不像其他的送水工那樣把水桶搬進來之後就一面抱怨薪水太少一面躲在牆角抽菸，他幫每一個工人的水壺倒滿水並在工人休息時纏著他們講解關於建築的各項工作的大小事。很快的，這個勤奮好學的人引起了建築隊長的注意。兩週後，安迪當上了計時員。當上計時員的安迪依然勤勤懇懇的工作，他總是早上第一個來，晚上最後一個離開。由於他對所有的建築工作比如打地基、砌磚、刷泥漿等非常的熟悉，當建築隊的負責人不在時，工人們總喜歡去問他。一次，負責人看到安迪把舊的紅色法蘭絨剪開包在日光燈上，以解決施工時沒有足夠的紅燈來照明的困難，負責人決定讓這個勤奮又能幹的年輕人當自己的助理。如今安迪已經成了公司的經理，但他依然專注於工作，從不說閒話，也從不參與到任何紛爭中去。他鼓勵大家學習和運用新知識，還常常擬計畫、畫草圖，向大家提出各種好的建議。只要給他時間，他可以把客戶希望他做的所有的事都做好。

安迪沒有什麼驚世駭俗的才華，他只是一個窮苦的孩子，一個普普通通的送水工，但是憑著勤奮工作的美德，他幸運的被賞識，並一步一步的成長。由此可見，如果你希望快速升遷加薪，那就勤奮一點，忙碌一點。永遠保持勤奮的工作態度，你就會得到老闆的讚揚和器重。

著名推銷商比爾·波特（Bill Porter）在剛剛從事推銷業時，屢受挫折，但他硬是一家一家的走訪下去，終於找到了第一個買家，成了一名走街串巷的英雄。如今的他，成了懷特金斯公司的招牌。比爾·波特說：「永遠要看到機會的那一面，夢想沒有實現之前絕不能放棄。」

比爾出生時，由於難產導致他大腦神經系統癱瘓，這種病症嚴重影響了他的說話，行走和對肢體的控制。福利機關將他定為「不適合被僱用的人」，專家們也說他永遠都不能工作。可是，比爾卻從來沒有將自己看作是「殘疾人」，他的母親對他說「人們只是需要花更長一點的時間來熟悉了解你。」在母親的鼓勵下，他開始了人生中的第一份工作——推銷員。

第一次上門推銷時，比爾反覆猶豫了四次，才最終鼓起勇氣按響了門鈴。開門的人對比爾推銷的產品並不感興趣。接著第二家，第三家……比爾的生活習慣讓他始終把注意力放在尋求更強大的生存技巧上，所以即使顧客對產品不感興趣，他也不感到灰心喪氣，而是一遍一遍的去敲開其他人的家門，直到找到了對產品感受興趣的顧客。幾十年來，他的生活幾乎重複著同樣的路線，不論颳風，還是下雨，他每天都要走十英里，背著沉重的樣品包，四處奔波，他那條沒用的右胳膊蜷縮在身體後面。就這樣過了三個月，比爾幾乎敲遍了這個地區的所有家門。因為比爾的手幾乎拿不住筆，所以當他終於做成第一筆交易時，顧客還要幫他填寫好訂單。

在出門十四個小時後，比爾會筋疲力盡的回到家中，此時他關節疼痛，而且偏頭痛還時常折磨著他。每隔幾個星期，他就列印出訂貨顧客的清單，由於他只有一個手指能用，所以這項簡單的工作常常花掉他十個小時的時間。每天深夜，當他把一人的工作全部做完後，他會將鬧鐘定在四點四十五分，以便早點起床開始明天的工作。一年又一年的過去了，比爾所負責的地區的家門一次一次的被他敲開，他的銷售額也隨之漸漸的增加了。

最終在第二十四個年頭，在他上百萬次的敲開一扇又一扇門之後，他成為懷特金斯公司在西部地區銷售額最高的推銷員，同時也是推銷技巧最好的銷售員。懷特金斯公司對比爾的勤勞和傑出的業績進行了表彰，他獲得了公司主席第一次親自頒發的傑出貢獻獎。

在頒獎儀式上，懷特金斯公司的總經理告訴他的員工們，「比爾告訴我們：一個有目標的人，只要全身心的投入到追求目標的努力當中，勤奮的工作，那麼生活中就沒有什麼事情是不可能做到的。」

有一分耕耘才能有一分收穫。成就人生和事業的基礎只能是勤奮。只有那些勤奮努力、做事敏捷、反應迅速的人，才能把滿腔的熱忱投入到工作中去，才能讓自己的事業駛入成功的軌道。

克服惰性，重新啟航

南北朝時，有一個非常著名的文學家叫江淹，年少時才華橫溢。他寫的《恨賦》、《別賦》在當時廣為流傳，被人們視為瑰寶。可惜後來，他就寫不出好的作品了，人們都嘆息其「江郎才盡」。是什麼原因導致他變成這樣了呢？

江淹小時候家裡非常貧困，年年戰爭不斷，可正是這種貧寒惡劣的環境鑄就了江淹勤勞的性格。他埋頭苦學，不分晝夜的創作，終於寫出了佳作。可是，江淹憑著自己的才學當上了官以後，就開始貪逸惡勞，天天想著吃喝玩樂，當然也就沒有時間琢磨他的作品了。因此，一代才子就在懶惰中殞滅了。可以說是懶惰讓江淹頹廢，也是懶惰殺傷了他的創造力。

人的惰性幾乎是與生俱來的，但惰性對於人們的影響又有著很大差別。意志堅強的人會努力去克服惰性的不良影響，激發自己的積極性；而意志薄弱的人則是做事拖遝、不求上進，對於近在咫尺機會也把握不住。

也許會有人認為自己的天資不夠好，學習知識的速度不如有些人快，但是這都不是最可怕的，真正可怕的是不思進取、自暴自棄。大家一定聽過龜兔賽跑的故事，最終的結果是烏龜贏得了比賽。這也正應了著名橋梁專家茅以升所說的話：「開發自己的智慧，『勤奮』二字是最重要的。人的天資是有差別的，但勤奮比天資重要得多。」

試想一下，如果你處在烏龜的位置，一味悲觀的認為自己絕無成功的可能，那麼無論做什麼工作你都不可能取得成功。即使你在起跑線上落後於別人，但只要你刻苦努力，勤奮不輟，最終一定會到達成功的終點。相反，那些自恃天資過人的人，如果不勤於學習，遲早會被他人遠遠拋在身後。

如果要想成為一名優秀的員工，就一定要懂得：勤奮是保持高效率的前提。只有勤奮踏實的去工作，才能發揮出自己的才能、挖掘出全部的潛力，才能在短時間內創造出比其他人多的價值。當一個人缺乏工作至上、勤奮努力的精神，那麼他也就只能羨慕他人在事業上不斷取得進步，而將自己的生命和精力在懶惰中一點一點的消耗殆盡，直至最後因為工作效率低下而失去謀生之本。

每個人都會有自己的職業追求，享受生活固然沒錯，但如何成為老闆眼中有價值的員工才是你最應該深思的。因此，一個人在工作中勤奮敬業是非常重要的。一個聰明、睿智的員工絕不會錯過任何一個可以讓他的能力得以提高、讓他的才華得以展現的工作。儘管這些工作可能薪水微薄，可能辛苦而艱巨，但它對我們意志的磨煉，對我們堅韌性格的培養，將是我們一生受益的寶貴財富。所以，正確的了解你的工作，勤勤懇懇的努力去做，才是對自己負責的表現。

現在是一個英雄輩出的時代，面對日趨激烈的競爭，想要在人群中脫穎而出，你就必須付出比以往任何時代更多的勤奮和努力。勤奮進取的態度、奮發向上的精神是你取得成功的唯一保障，否則你將不能突破平凡這道屏障，轉而淪落為平庸，最後變成一個毫無價值和一事無成的人。

「天才在於勤奮」。一個人的能力有分大小，智商有分高低，但只要勤奮，就一定會有所收穫。勤奮與成功總是分不開的。古今中外，所有成功人士的共同點就是勤奮。從現在起，就讓我們在勤奮開拓中實現自我的人生價值吧！

每天多做一點事

在工作中，獲得好職位的祕密在於全力以赴，每天多做一點。多做一點，也許會占用你的時間，但是，你的工作成效會有很大的不同，因為你會比別人累積更多的東西，比如經驗、技能、工作效率等等。更為重要的是，你的行為會使你贏得良好的聲譽，並增加老闆對你的器重和賞識。

玫琳凱．羅培茲小姐最先為麥克先生工作時，職位很低，但現在卻已經成為麥克先生的左膀右臂，擔任其所屬公司的總經理。玫琳凱．羅培茲之所以能如此快速的升遷，祕密就在於「每天多做一點」。

「在為麥克工作之初，我就注意到，每天下班後，所有的人都回家了。麥克先生仍然會留在辦公室裡繼續工作到很晚。因此，我決定下班後也留在辦公室裡。是的，的確沒有人要求我這麼做，但我認為自己應該留下來，在需要時為麥克先生提供一些幫助。」

「像工作中找文件或列印資料等事情，起初都是麥克先生自己親自做。但是到了後來，他發現下班後我也會待在公司，隨時準備聽候他的吩咐，漸漸的，就讓我幫助他做些一些日常性工作……」

麥克先生為什麼會養成吩咐玫琳凱．羅培茲小姐的習慣呢？因為她願意自動留在辦公室，使麥克先生隨時可以看到他，並且誠心誠意為其服務。她這樣做獲得了報酬嗎？沒有。但是她獲得了更多的機會，使自己贏得老闆的關注，最終獲得了晉升。所以說，「每天多做一點」的工作態度能使你的工作逐漸變得更加出色並從競爭中脫穎而出。

成功的人永遠比別人做得更多更完善。如果不是你的工作，而你做了，這就是機會。有時候，在工作中我們不必比別人多做許多，只需要一點點就已足夠，就會讓旁人對你刮目相看。當你多做了一點小事時，你便會從乏味的工作中體會到一種愉悅，這種快樂是任何辭藻都無法形容的，它只屬於你自己。這種快樂會更加激發你的激情，從而使自己更加熱情的投入到工作中去。久而久之你的老闆也一定也會更加關注你、信賴你，從而給你更多的晉升機會。

美國有一個叫亨利·雷蒙德（Henry Jarvis Raymond）的人，他起初在美國《論壇報》做編輯工作，剛開始時的薪水非常少，只能勉強糊口，但他還是每天平均工作十三到十四小時。往往是整個辦公室的人都走了，只有他一個人還在工作。「為了獲得成功的機會，我必須比其他人更扎實的工作。」他在日記中只有寫道「當我的同事們在酒吧時，我必須在工作室裡；當他們熟睡時，我必須在學習。」後來，他創建了美國《紐約時報》。

全心全意的專注工作、盡職盡責的完成任務對於獲取成功來說還是不夠的。你還應該比自己分內的工作多做一點，每天多努力一點，比別人期待的更多一點，如此可以吸引更多的注意，為自我的提升創造更多的機會。

「每天多做一點」會使你最大限度的展現自己的工作態度、最大限度的發揮你的天賦，從而使你的自身價值不斷得以提升。

當今社會不斷發展，作為公司的員工，你的工作範圍也應該不斷的擴大。不要逃避責任，說「這不是我應該做的事」。只要你為公司多出一份力，那麼你就多了一份發展的空間。

切勿眼高手低

眼光挑剔，要求高，但實際上能力低下，小事不願意做，大事又做不了……這種「眼高手低」的人在現實中很是普遍的。這種人老想著做大事，小事不屑於做，即使做了也很不情願，心理上覺得不舒服受委屈。有這樣心態的人在小事上肯定是做不好的，但連小事都做不好的人，要怎麼能做大事呢？

黃奕倩是某著名外語大學畢業的高材生，她一心想進入大型的外資企業，最後卻不得不到一家成立不到半年的小公司「棲身」。心高氣傲的她根本沒把這家小公司放在眼裡，她想利用試用期「騎驢找馬」。

在黃奕倩的眼裡，這家小公司是這樣的：不修邊幅的老闆，不完善的管理制度，土氣的同事……自己理想中的工作完全不是這樣的。「怎麼回事？」「什麼破公司？」「整理文件？這樣的小事怎麼讓我這個才高八斗的人才來做呢？」「這麼簡單的文件還需要我翻譯嗎？」……

就這樣，黃奕倩天天抱怨老闆和同事，愁眉不展、牢騷不停，而實際的工作卻常常是能拖則拖、能躲就躲，因為這些「芝麻綠豆的小事」根本就不放她的眼裡。

終於有一天，老闆找她談話，說：「我們認為，你確實是個人才，但你似乎並不喜歡在我們這種小公司裡做事，因此，對工作敷衍了事。既然如此，還是請你另謀高就吧！」

被辭退的黃奕倩這才清醒過來，當初自己應聘到這家公司也是花了不少力氣的，而且，就眼前的就業形勢，再找一份像這樣的工作也很困難啊。才剛步入社會，就被炒魷魚，黃奕倩非常傷心與後悔。

工作中，總會很多人和故事中的黃奕倩一樣，他們一進公司，就非常「眼高」，急於表現自己的才能，會提出一些滿腹激情、不切實際的計畫。結果卻證明這些人往往非常「手低」，總是以失敗告終。其實，工作中的每一件事都值得你去踏踏實實的做好、做到位，不要讓好高騖遠的態度束縛了你的手腳。

在工作中，很多人都眼高手低，自認為很了不起，卻偏偏得不到老闆的賞識。他們不屑於區區小事，天天夢想著做大事，為此，讓牢騷、埋怨、不滿等壞情緒四處蔓延，而事實上是如此嗎？恰恰相反。想做大事的人必須有做大事的能力和心態，做大事的能力和心態是透過持續性的把小事做好而累積和培養出來的，整天只想做大事而不想做小事的人肯定沒有做大事的能力和心態，不僅大事做不了，而且連小事也肯定做不好。

對於剛剛進入職場的人來說，無論具有什麼樣的學歷，你都是個不具備經驗的新人，所以進入一家新公司要展現新人的低姿態，不要眼高手低，將自己的重心放在努力學習、累積工作經驗之上，讓自己盡量累積大量的專業知識與技能，成為極具競爭力的職場人。千萬不要好高騖遠，輕視自己所做的工作，即便是最普通的工作，你也要認真的完成。要知道，每一項普通的工作都可能成為你的機會。

任何事都要從頭做起，從基層做起，一個人做事若總是好高騖遠，其最終的結果只會一事無成。

陳佩堅是某師範院校企業管理系的畢業生，他開始找工作時，把自己定位成一名酒店管理人員，非酒店管理的職位不投履歷。可是面試官看過他的履歷後，大多以「沒有工作和管理經驗，目標定得高，工作時很可能眼高手低」為理由拒絕錄用他。在經歷數次挫折後，陳佩堅一度失去了信心。

後來，陳佩堅深刻反省了面試失敗的教訓，覺得自己定位過高，職業規劃不切實際。於是，他自降「身價」，求職時表示願意從酒店基層做起，很快就被一家酒店錄用了。三個月後，熟悉酒店流程，有了工作經驗的陳佩堅晉升酒店經理。

在工作中，我們需要改變眼高手低、好高騖遠的毛病，注重細節，從小事做起。在今天這個社會，幾乎所有的員工都胸懷大志，滿腔抱負，但是成功往往都是從點滴小事開始的，只有把小事做好，才能真正的做成大事。固守自己的本分和職位，從普通的工作認真做起，付出自己的熱情和努力，才能在競爭日趨激烈的職場中獲得成功。

勤學苦練，累積經驗

歐陽修曾講過一個《賣油翁》的故事：

北宋時期，有個射箭能手叫陳堯咨。有一天，他在家練箭，十箭射中了九次，旁觀者拍手稱絕，陳堯咨自己也很得意，但觀眾中有個賣油的老頭只略微點頭，不以為然的樣子。陳堯咨很不高興，問：「你會射箭嗎？你看我射得怎麼樣？」老頭很乾脆的回答：「我不會射箭。你射得可以，但並沒有什麼奧妙，只是手法熟練而已。」在陳堯咨追問老頭有啥本領後，老頭把一個銅錢蓋在一個盛油的葫蘆口，然後用勺子舀了一勺油，高高舉起，倒了下來，只見油細若絲，穿錢眼而過。勺裡的油倒完了，銅錢上卻沒有一點油漬。老翁說：「我這也是沒有什麼，只不過手法熟練而已。」

這個家喻戶曉故事印證了一個千古不變的真理：「熟能生巧，練則精通。」不管做什麼事情，只要勤學苦練掌握規律，就能找出許多竅門，做起來得心應手。工作也是如此。工作是一個不斷學習，不斷完善，不斷累積的過程。只要我們能夠不斷的學習和掌握技術業務，就能夠把一項工作做到運用自如的程度。

成功是靠經驗累積的。經驗是由實踐得來的知識或技能，只要累積到了一定的程度，就一定可以成功的！運用到我們的實際工作中，「經驗」其實就是我們在實際工作中累積的工作知識和方法，它代表著一個人的能力和競爭力。

如今，剛畢業的大學生之所以難找工作，其中最重要的一個原因就是缺乏工作經驗。很多企業寧願僱用一個學歷稍低但有工作經驗的員工，也不願意找剛畢業的大學生。企業為什麼喜歡有工作經驗的人。很簡單，有工作經驗的人，更可能創造優秀的業績。既然經驗如此重要，那麼，在工作中，我們就要不斷的累積自己的工作經驗。

在累積經驗的過程中，一定要有一種信念：每一項工作都是有價值的，今天累積的經驗，無論看起來多麼的不相關，終於會有一天，這些經驗會串聯起來，為你的成功提供最大的支援。

明朝萬曆年間，北方的女真不斷侵擾。朝廷為了要抵禦強敵，決心重修萬里長城。當時號稱天下第一關的山海關，早已年久失修，其中「天下第一關」的題字中的「一」字，已經脫落多時。萬曆皇帝募集各地書法名家，希望恢復山海關的本來面貌。各地名士聞訊，紛紛前來揮毫，但是沒有一人的字能夠呈現出天下第一關的原味。皇帝於是再下詔宣布，只要中選，就能夠獲重賞。經過嚴格篩選，最後中選的竟是山海關旁一家客棧的店小二，真是跌破大家的眼鏡。

在題字當天，會場被擠得水泄不通，官家早就備妥了筆墨紙硯，等候應徵者前來揮毫。只見店小二抬頭看著山海關的牌樓，捨棄狼毫巨筆不用，拿起一塊抹布往硯臺裡一蘸，大喝一聲：「一」，十分乾淨俐落，立刻出現絕妙的「一」字。旁觀者莫不報以驚嘆不已的掌聲。有人好奇地問店小二如此成功的祕訣，這位店小二久久無以回答，後來勉強道：其實，我想不出有什麼祕訣，只是在這裡當了三十多年的店小二，每當我在擦桌子時，就望著牌樓上的「一」字，一揮一擦就這樣而已。

原來這位店小二的工作地點，正好面對山海關的城門，每當他彎下腰，拿起抹布清理桌上的油污之際，這個視角正好對準了「天下第一關」的一字。因此，他不由自主的天天看、天天擦，數十年如一日，久而久之，就熟能生巧、巧而精通，這就是他能夠把這個「一」字臨摹到爐火純青、唯妙唯肖的原因。

當店小二臨摹到一定「量」時，技法必然達到相對熟練的水準，自然會總結出一些經驗和方法，並產生「質」的變化。做任何事情都是一樣的，只有多接觸，多模仿，多實踐，多累積，你才能掌握它。

「不積跬步，無以至千里；不積小流，無以成江海」，我們每個人分布在公司的各個不同的工作職位，享受著公司資源所為我們帶來累積經驗的機會。在工作中，養成用心累積經驗的習慣，對於我們個人的發展，對於團隊的進步都有著重要的意義。所以我們每個人都應該知道如何使用正確的工作方法，並不斷的、有效的累積工作經驗。

在這個世界上，沒有不能累積經驗的工作，只有不能累積經驗的人。沒有無價值的工作，只有讓工作無價值的人。工作有無價值，能否累積經驗，取決於你自己。所以，無論做什麼工作，你都需要努力累積足夠的工作經驗，這樣你才能在競爭中脫穎而出。

第四章　好職位偏愛行重於言的人

好職位不是等出來的，必須透過實際行動去爭取。任何偉大的目標、偉大的計劃，必須落實到行動上才能實現。在工作中，獲得高薪職位並不是靠投機的方式，而是靠不斷努力的行動。

行動之後方知結果

有一位老農的農田中，多年以來橫臥著一塊大石頭。這塊石頭弄斷了老農的好幾把犁頭，還弄壞了他的農耕機。老農對此無可奈何，巨石成了他種田時揮之不去的心病。

一天，又一把犁頭又被打壞之後，老農想起巨石所給他帶來的數不清的麻煩，終於下決心要弄走巨石，了結這塊心病。於是，他找來鐵撬伸進巨石底下，卻驚訝的發現，石頭埋在地裡並沒有想像那麼深、那麼厚，稍微使勁就可以把石頭撬出來，再用大錘打碎，清出田裡。老農腦海裡閃過自己多年被巨石困擾的情景，再想到其實可以更早的把這樁頭痛之石處理掉，禁不住一臉的苦笑。遇到問題應該立即弄清根源，有問題更須立即處理，絕不可拖延，不然就像故事中的老農一樣。很多事情並沒有你想像得那麼困難，只要行動起來，你就會在行動中找出解決問題的方法。

行動才會產生結果，行動是成功的保證。任何偉大的目標，偉大的計劃，最終必然落實到行動上。美國聯合保險公司的創辦人和總裁克萊門．史東（William Clement Stone）就從他坎坷的創業史中由衷的感慨：「我相信，『行動第一！』這是我最大的資產，這種習慣使我的事業不斷成長。」毫無疑問，那些成大事者都是勤於行動和巧妙行動的大師。在人生的道路上，我們需要的是：「用實際行動來證明自己和兌現曾經心動過的金點子！」

瑪麗就職於一家知名的製衣公司，該公司主要是生產傳統的阿拉伯人喜歡穿的袍子。這些袍子非常單調，而且只有一種尺碼，花色也很呆板，缺少變化。另外，袍子的製作又很粗糙，一點也不適合人們在各種場合穿戴。

為了改變公司的這種局面，瑪麗決定對袍子進行改造。她想要先為自己縫製一件袍子，並穿在身上，這樣在對袍子進行改造時就更有說服力了。於是，瑪麗買來了能體現自我個性的印花布，透過精心的裁剪，使袍子不僅保持原來舒適自然的特點，而且還能夠適合自己的身材尺寸。此外，瑪麗為袍子精心設計了漂亮的花邊。這種特殊的設計，馬上引起了周圍朋友的興趣，紛紛要求瑪麗也為她們設計一款。

在朋友中取得了認可後，瑪麗就把她的想法告訴同事們，結果她的同事都驚訝的連連搖頭，並說：「難道妳不知道在阿拉伯各大旅館、服裝店和旅遊中心裡陳列著成千上萬件袍子嗎？」然而，瑪麗卻不這麼想，她決心要試一試。因為，她堅持這樣一個準則：「想得再好，不如手腳動起來。」瑪麗把自己的想法告訴了公司老闆，沒想到立即獲得老闆的認可。於是她親自去負責選購布料和為上門的顧客測量尺寸大小，然後將布料交給其他同事去裁剪和縫製。就這樣，在這家生產傳統袍子的公司裡，開始生產出了一件件漂亮又符合人們身材的新式袍子，公司的生意開始蒸蒸日上了起來。

在瑪麗的努力下，後來公司還把這種獨特的服裝推銷到了阿拉伯本土的其他城市。瑪麗憑著「想得再好，不如手腳動起來」的行事原則，不僅贏得了老闆的青睞，而且也從一個普通的製衣工人被提拔為公司的設計師。

對於每一個人來說，如果只會想不會做，就無法完成任何事情。世界上每一件東西，大到航空母艦、高樓大廈，小到一針一線，都是由一個個想法付諸實踐所取得的結果。

不管在什麼公司，一個人的工作態度加上他的工作成效直接決定了他的職務和報酬。那些工作效率高，做事主動的員工，往往會受到老闆的青睞；而那些「要等到別人多次督促才動手」、「沒有立即採取行動」的員工，是永遠也無法得到上司的重用，更無法得到晉升的機會的。

光說不做於事無補

一個人能力怎樣才能夠得以體現呢？答案是「透過他的行動！」因為行動決定結果。無論你處在什麼樣的工作職位上，都要拿出實際行動來。只有在工作中行動起來，你才能真正的做出成績，讓自己實現從平凡到優秀的飛躍。

在《聖經》中，耶穌講了一個故事。

● 光說不做於事無補

有一天，父親對大兒子說：「兒子啊，今天你到我的葡萄園去工作。」

「我不去，我不想工作。」老大回答說。

老大拒絕聽父親的話而走開了。過了一會兒，他坐下想想，開始懊悔自己的行為。他想：「我錯了，我不該違背父親。我雖然說不去，可是我還是應該去葡萄園工作的。」

他立刻起身到葡萄園去，使勁的工作，藉以彌補他的過失。

這時，父親又去找小兒子，對他說同樣的話：「兒子啊！你今天到我的葡萄園去工作。」小兒子一口答應：「父親。我這就去。」可是過了一會兒，小兒子心想：「我是說過會去，可是我並不想去！你以為我會聽話去父親的葡萄園工作嗎？才不要呢。」

過了幾個鐘頭，父親到葡萄園去看時。不料，竟然發現老大在園裡拼命的工作，卻不見小兒子的蹤影。結果是小兒子不守信用，違背了諾言。講完了這個故事，耶穌轉身問周圍的人：「這兩個兒子，哪一個照父親的意思做了呢？」

周圍的人馬上回答說：「當然是到葡萄園工作的那個老大。」

這個故事告訴我們：行勝於言，只要採取積極有效的行動，才能實現人生的目標。

每個人總會有很多夢想，但是卻總是無法實現，覺得沒有時間去實現它們。可能很多人會說：「要是有時間的話，我就可以做這個了；要是有時間的話，我就可以做那個了……」有夢想是好事情，沒時間也是實話，但是，如果僅僅坐而論道，不付之行動，所有的夢想也就永遠無法實現。

一天晚上，參加某個夏令營的大家圍坐在篝火旁邊聽輔導員講課。輔導員一邊說著，一邊從口袋裡掏出一張鈔票。

「誰想要？」他問道。

學員們個個都驚呆了。

「誰想要這一百元，我可以把它送給最想要它的那個人！」輔導員接著說道。大家議論紛紛，可還是沒有人說什麼。

正在此時，只見坐在後排的一位女士站起身來，直接走到輔導員面前，一把奪走了鈔票！

「恭喜你，錢歸你了！」輔導員說道。

看著大家迷茫的眼神，輔導員微笑著說道：「想知道為什麼嗎？你們每個人都想要，可是只有她採取了行動……」

「說一尺不如行一寸。」有想法是好的，但再好的想法也要付出行動。空想家與行動者之間的區別就在於是否進行了持續而有目的的實際行動。實際行動是實現一切改變的必要前提。我們往往說得太多，思考得太多，夢想得太多，希望得太多，我們甚至計劃著某種非凡的事業，最終卻以沒有任何實際行動而告終。一百個想法，遠比不上一次行動。心動只能讓你終日沉浸在幻想之中，而行動才能讓你最終走向成功。

克服懶惰，行動起來

懶惰是走向成功之路的最大攔路石。在工作中，如果一個人採取懶惰拖延的態度，那麼他永遠都不會有成績。

古時候，有一個懶惰的文人，怕讀書費腦力，就把書燒成灰，包在餃子裡吃下去，以為這樣就是讀書的最好方法。到應考時，他也預先請人把試卷寫好，如法炮製，吃進肚裡。他真是「一肚子文章了」。考試的結果，大家也可想而知。這就是懶惰造成的結果。懶惰是一個人成功的大敵，戰勝自己懶惰的一面，才能不斷的走向成功。

懶惰，使人的才華被埋沒，使人的潛能被扼殺，使人的一切希望都化為泡影。一個人如果被懶惰所左右，那麼他除了躺在草坪上，做一些「黃粱美夢」以外，很難再有什麼別的作為了。黑格爾說過：「最大的天才儘管朝朝暮暮躺在青草地上，讓微風吹來，眼望著天空，溫柔的靈感也始終不光顧他。」天分高的人如果懶惰成性，不努力發展他的才智，則其成就也不會很大。所以，如果你想要在工作中取得成績，就要戒除懶惰的毛病，否則，多麼好的靈感、計劃，都不可能實現。

懶惰是人類最難克服的一個敵人。懶人多半好逸惡勞，寧可耽於安逸，放棄工作。

很多人之所以總是拖延自己的行動，就是因為懶惰的關係。讓許多本來可以做到的事，都因為一次又一次的懶惰拖延而錯過了成功的機會。

有一位熱心於慈善事業的企業家，總是盡自己的所能幫助那些生活貧困的人。有一次他聽說某山區的一個村子很窮，窮的連最基本的溫飽都解決不了。於是他便決定給那個窮山村捐一筆錢，用來幫助他們脫貧致富。

捐錢之前，企業家決定親自到那個村子裡看看。他去了一戶村民家裡，在那個黑漆漆的屋子裡，他看到那家人正在吃飯。他們沒有桌子，沒有凳子，甚至連雙筷子都沒有。一家人就這樣捧著飯碗蹲在地上，用手抓著吃。看到這一幕，企業家感到十分揪心，恨不得立刻就能改變著個村子的現狀，他決定回去後要做的第一件事就是馬上把錢送過來。

可是當他走出那戶村民家之後，卻突然改變了主意。回去之後，他撤銷了捐助的決定，對此人們百思不得其解。

後來企業家道出了原委：原來就在他走出那戶人家之時，突然注意到門前有一大片竹林。「守著竹林，他們連桌凳和一雙筷子都懶得做，給他們錢又有什麼用呢？」企業家非常痛心的說。

莊子曰：「夫哀莫大於心死，而人死亦次之。」對於一個人來說，惰性是一事無成的重要原因。世上沒有哪個人生下來就該貧窮潦倒。在機會均等的情況下，一個人能否有所作為，主要就看你能否克服惰性。

其實，惰性的表現往往只不過是你自己的一個念頭，只要你能夠把這個念頭打消了，那麼懶惰也就會從你的身上逃走了。趕走了懶惰的你，就自然而然的會從自己動手改造自己開始，你的許多實踐與行動，都會在你的勤勞中獲得回報。

在克服懶惰的過程中，最有效的武器無疑是持之以恆的耐心和追求事業成功的信念。只要下定決心與懶惰分手，在實際的工作中耐心堅持，那麼，我們都將成為事業上的成功者！

只要執行，不要藉口

在執行面前千萬別找藉口！美國的一位成功學家曾說過這樣一段話：「如果你有自己綁鞋帶的能力，你就有上天摘星的機會！讓我們改變對藉口的態度，把尋找藉口的時間和精力用到努力工作中來。因為工作中沒有藉口，人生中沒有藉口，失敗沒有藉口，成功也不屬於那些尋找藉口的人！」

在工作中，每個人都應該發揮自己最大的潛能，努力去工作以獲得滿意的結果，而不是浪費時間去尋找藉口。

在美國一家大企業的新員工錄用通知單上印有這樣一句話：「最好的員工是像凱撒一樣拒絕任何藉口的英雄！」世上沒有什麼是不用費力就可以自然做成的，假如你想找一百個藉口，那麼就能找到一百個甚至比一百個還要多的藉口，這樣，你表面上得到了安慰，但你將一事無成！

每個人都有拒絕藉口、作決定於一瞬間的能力。一旦養成找藉口的習慣，你的工作就會拖拖拉拉，沒有效率，做起事來就往往不誠實。這樣的人不可能成為一個優秀的人，他們也不可能有完美的成功人生。在公司裡，這樣的人遲早會被炒魷魚。

某知名大學畢業的張玉江，讀的是新聞科系，形象也很不錯，被台北一家很知名的報社錄用了。但是，他有一個很不好的毛病，就是做事情不認真，遇到任何困難總是找藉口。剛開始上班時，同事們對他的印象還很不錯，但是沒過多久，他的毛病就暴露出來了，上班經常遲到，和同事一起出去採訪時也經常丟三落四。對此，辦公室主管找他談了好幾次，但張玉江總是以各種藉口來搪塞過去。

有一天，報社特別忙，突然有位熱心讀者打電話來說在一個地方有個特大新聞發生，請報社派記者前去採訪，但是報社別的記者都出去了，只有張玉江在，沒辦法之下，辦公室主管只好派他獨自前往採訪。沒多久，他就回來了，主管問他採訪的情況怎麼樣，他卻說：「路上塞車，等我趕到時事情都快結束了，而且已經有別家新聞社在採訪了，我看也沒什麼重要新聞價值，所以就回來了。」

主管生氣的說：「台北的交通是很堵塞，但是你不知道想別的辦法嗎？那為什麼別的記者能趕到呢？」

張玉江急得紅著臉爭辯道：「路上交通真的是很塞嘛，再說我對那裡又不是特別熟悉，身上還背著這麼多的採訪器材……」

主管心裡更生氣了，於是說道：「既然這樣，那你另謀高就好了，我不想看到公司員工不但不能給公司提供績效，反過來還有滿嘴的藉口和理由，我們需要的是接到任務後，不管任務有多麼艱巨，都能夠想方設法完成，並且能提供成效的人。」就這樣，張玉江失去了令許多人羨慕不已的好工作。

在工作中，像張玉江這樣遇到問題不想辦法解決，而是四處找藉口來推脫的人並不少見，但是他們這樣做所帶來的後果就是不僅損害了公司的利益，也阻礙了自己的發展。

在工作中，千萬不要找任何理由為自己的過錯開脫。一旦給自己的錯誤找了藉口，就是給自己的失敗找到了理由，企圖使自己失敗得到「合理化」。更不要讓找藉口成為習慣，否則，這種找藉口的壞習慣，終將讓成為你工作上的阻力，你也將一事無成。

不要猶豫害怕，立即行動

在工作中，你也許會面臨很多艱難的任務或者難題。面對這些難題，一個人的心裡肯定會出現很多想法：害怕失敗，害怕經驗不足。特別是作為新手，這樣的想法將會更加普遍。但是，在面對這一切的時候，必須學著拋棄一切恐懼和疑慮，立即動手去做。除了結果沒有任何其他的東西可以帶來真正的影響，立即動手正是去獲得結果的第一步。

某市有一個很有名的公司，它之所以有名是因為它本來是一個瀕臨破產的公司，最後卻成為當地的明星公司。後來這間公司的員工們回憶說，如果瀕臨破產時他們的對挽救公司的猶豫超過了行動起來的決心的話，那麼他們的公司永遠不可能擁有後來的成功。面對困境和艱難的任務，如果不捲起袖子工作，這種困難就將會漸漸磨滅人的決心和意志，最後的結果就會是人的惰性最終將獲勝，從而使得任何美好的計劃都功虧一簣。

面對無數的計劃和任務，如何取得第一主動權將是工作是否成功、是否能獲得同事與上級主管的敬意與賞識最重要的一環。與其過多的猶豫、害怕，不如將這樣的時間用在積極的行動上。

著名美國時間效率專家蘭肯（Alan Lakein）曾經這樣評價：「面對任何任務，沒有不可能完成的，沒有特別可怕的，你需要的僅僅是開始做起來，這才是你最應該關注的。因為它將使你獲得先機與繼續行動的動力，而這樣的『僅僅做起來』也最終將帶領你走向成功。」

而另一位現代商業社會中的成功人士，英國帝亞吉歐飲料集團公司的創始人這樣對他的傳記作者說：「在我開始創業的時候，我從來沒有想過有什麼事情會讓我害怕去做，我首先想的是如何趕快的開始，趕快將自己的想法變為實際的行動，這樣我最終將獲得我想要的一切。」

羅賓．艾倫，哥倫比亞保險公司——加拿大最大的保險公司的董事長和總經理，但在她剛進入這家公司的時候，她不過是一個小小的職員而已。她工作起來非常的積極勤奮。當然，這一切都被上司看在眼裡。一天，公司的市場推廣部經理找到她並與她談了一次。原來，公司看到了她在工作中的勤奮和努力，希望她能去負責安大略省的保險業務！這是一個天大的好機會，然而也是一個很大的難題和挑戰！因為在這之前，她從來沒有以一個省的保險負責人的身分工作過，而現在這項工作又關係著整個公司在安大略省的長遠發展。這樣重大的責任，讓她猶豫了。「我能夠做好這項工作嗎？萬一失敗了怎麼辦？」這樣的念頭不時出現在她的腦海裡。然而真正讓她不再猶豫的是她的一位舞蹈老師，老師對她說：「妳真的想去做嗎？如果是的話，在開始之前請不要畏懼任何東西，不敢開始的人永遠只能得到平庸。」做一個無畏的人，這就是她真正決定動手去做時的最簡單的想法。她克服了自己之前存在的膽怯，堅定了把新任務做好的決心。她在新事業上投入了最大的精力，最終上帝沒有辜負勇敢而努力的人。

在面對自己的夢想，面對自己的工作任務時，也許會有很多人勸阻你，你也可能會面對很多的問題與疑慮，但是，你首先要勇敢的放棄種種毫無意義的害怕與懷疑。邁出第一步是很重要的，但更重要的是在邁出第一步之前就下定決心，用行動而不是用害怕和猜疑去面對事實。

只有敢於行動的人才能夠抓住轉瞬即逝的機會，也只有敢於行動的人才能夠很快的將自己的想法付諸行動，而將自己的想法付諸行動才能夠將想像的結果變為真正的現實。

克服拖延的壞習慣

對於自己的工作，不能立即執行、按時完成，總是拖延，這是一種壞習慣。在工作的執行過程中，很多人都喜歡拖延，想著「反正還有時間，等一會再做」「明天再說吧」，結果一拖再拖，最終不但耽誤了工作的進展，而且對自己的發展也極為不利，因為沒有任何一家公司會喜歡或重用一個對工作漫不經心、總是無法按時完成工作任務的人。

夏宇翔是一位部門主管，每天早晨醒來就一頭埋進工作堆裡，忙得焦頭爛額、寢食不安，整個人都快要崩潰了。於是，他去請教另一個部門經理。正好看見對方正在接聽一個電話，和他通話的是他的一個下屬，而這位經理很快就給對方做出了工作指示。剛放下電話，他又迅速簽署了一份祕書送進來的文件。接著又是電話詢問，又是下屬請示，公司經理都馬上給予了答覆。

半個小時過去了，終於暫時沒人打擾了，這位公司經理於是轉過頭來問夏宇翔有何事。夏宇翔站起身來說：「本來我是想請教您，身為一個公司的部門經理，您是如何處理好那麼多的工作的，但現在不用了，您已經透過您的行動給了我一個明確的答案。我明白自己的毛病出在哪裡了，您是當下就把經手的問題解決掉，而我卻無論遇到什麼事，都先放下來，等過一會兒再說，結果您的辦公桌上空空如也，而我辦公桌上的文件卻堆積如山。」

一個人能否在自己的事業生涯中取得成功，祕訣就在於從現在開始，不要想把事務拖延到一起再去集中處理，要行動起來，立刻去做手中的每一件事。同樣，如果一個員工想要獲得成功，就要下定決心改變拖延的壞習慣，不管做什麼事都要集中全部精力去完成，全力以赴的去做，即使是寫一封電子郵件也要如此。

在工作中，每個人都會產生惰性，在事情不急時都喜歡往後拖一拖。但是，這種「以後再做」的想法，通常會使得計劃落空，生活變得一片混亂，自責、後悔、煩躁的情緒也會隨之而來，從而影響了自身在工作上的進步，還容易由於混亂而不能發揮應有的能力，自然也就無法得到老闆的認同，更不能得到職位的晉升。假如你想獲得好的職位，那麼你就必須改變拖延的壞習慣。

下面介紹幾種克服拖延的技巧，希望能夠對大家有所幫助。

一、制定一個能勝任的工作或學習計劃

制定的計劃一定要是你自己可以勝任的，時間也要放寬鬆一些，並要配合自己的作息習慣。這一步重要的是讓你有能力和信心堅持做成一件事，當你做出了成就後便可以為你帶來愉悅感和繼續努力下去的動力。

二、做好自我監督或讓他人幫助監督

當一天結束時，做一下自我總結，檢查一下自己的做事效率。同時，你可以把自己的計劃告訴別人，讓他人幫忙監督，在自尊心的驅使下可以對自己產生一定的壓力，促使自己按步執行計劃以按時完成。

三、**做到「今日事，今日畢」**

你應該經常抱著「必須把握今日去做完它，一點也不可懶惰」的想法去努力行動，絕不要使自己變成一個懶惰成性、怠慢工作的人，否則絕不會有任何企業和老闆會重用你，你也不會得到成就不凡業績的機會。

不論你今天有多累，不論你明天的時間有多充足，不論你有多少理由，假如你想盡快改掉自己做事拖延、不能立即行動的壞習慣，那就每天為自己列個待辦清單，要求自己做到「今日事，今日畢」，絕不要為自己找各種各樣的藉口，拖延的結果只會讓等待你處理的事情變得越來越多，身心越來越疲憊。

總之，每個人都應培養自己良好的執行力，服從企業的制度，服從老闆的指令，立即行動，從而為自己贏得好的工作職位。

第五章　好職位偏愛積極主動的人

在現代職場，假如你要想獲得成功，謀取高薪職位，最好的捷徑就是具備良好的工作態度。只有你以正確的心態對待工作，你才能獲得你想要的結果。當你這樣做時，金錢就會自動追隨你而來，你的工作職位也會隨之不斷升遷。

職場成功少不了積極主動

在現實工作中，評價一個人工作的優劣，最直接的辦法就是：能夠積極主動的完成本職工作，有創造性的執行工作。

積極主動不僅是一種行為美德，也是一個人在工作中所應該持有的態度。比爾蓋茲曾說過：「一個好員工，應該是一個積極主動去做事、提高自身技能的人。這樣的員工，不必依靠管理的手段去觸發他的主觀能動性。」

在日常工作中，能夠讓我們發揮積極主動的機會很多。最常聽見的就是這句話：「讓我來做。」當你想要拓展某項計劃時，可以主動請纓或者乾脆自己進行策劃，然後毛遂自薦：「如果我的策劃被認同，請准許我完成這項計劃。」而不只是等待老闆分派工作。自己主動迎接挑戰會有一種使命感和責任感，而被動接受老闆分派到任務則通常會有這種感覺：「瞧，任務來了，真沒辦法！」在兩種心態下工作的動力和結果是完全不同的。而且當你主動請纓的時候，你的自信和積極主動的精神會給老闆留下深刻的印象，儘管可能由於種種因素，最終的結果並不盡如人意，但你仍然會感到積極主動所帶來的收穫。

程思明任職於一家大型的貿易公司。一次，程思明在幫老闆整理文件時，發現老闆正為公司的產品在越南無法開拓市場而苦惱，他便主動向老闆表示自己願意到越南去開拓市場。

老闆聽完程思明的請求後，不太相信他的能力：「可是，前幾次派去的幾位推銷員都無功而返了，而且，那裡的條件遠不如呆在公司總部，你可以嗎？」

「我相信自己能在那裡開拓出新的市場，因為我事先已做過周密的調查，並制訂了切實可行的銷售計畫。」說完，程思明遞上了自己的銷售計畫書。

經過董事會研究決定後，老闆終於讓程思明去越南開拓市場。後來的事實證明，程思明的確是一名銷售高手。他到越南以後，很快就讓自己公司的產品打入了當地市場。不久後，公司產品的銷售量節節攀升，成了同類產品中最受顧客歡迎的產品。

二年後，老闆就將程思明調回公司總部擔任經理助理。而與程思明同時進入公司的人，現在大多還只和程思明當初一樣，在一個平凡的工作職位上從事著平凡的工作。其實，他們的才能不一定比程思明差，但如今卻有著天壤之別，其原因是他們缺乏主動執行的精神。他們錯誤的認為只要準時上班，按時下班，就是對工作盡職盡責了。

主動要求承擔更多的責任或自動承擔責任是成功者必備的素養。大多數情況下，即使你沒有被正式告知要對某事負責，你也應該努力做好它。如果你能表現出勝任某種工作，那麼責任和報酬就會接踵而至。在沒被人告知卻在做著恰當的事情的員工，就是積極主動的員工，每個公司都需要這樣的員工。當你主動工作，透過自身的努力或借助他人的力量並不斷解決一個個難題的過程中，你自身的價值就會在這個過程中不斷的增加，老闆對你的依賴也會增加，因此當機會出現時，被提拔也非你莫屬。

某間大型公司的宴會上，經理舉起酒杯向眾人宣布：「我要非常榮幸的向大家傳達一件事情，我們公司勤懇、敬業的老員工：張敬明先生明天就要退休了，因為他這些年來對工作做出許多貢獻，所以他可以享受到公司裡很豐厚的退休金，讓我們舉杯向張敬明先生表示衷心的感謝和敬意。」這時，宴會上響起了雷鳴般的掌聲。但是在一旁坐著的吳明輝卻表現得不那麼從容和興奮，此時有人悄悄的詢問他：「吳明輝，你沒事吧？你看起來很不開心？」此時吳明輝很悲傷的說：「我很難過，也很後悔，當初我和張敬明是同一天進公司的，可是我一直都循規蹈矩，只知道認真勤懇的做自己的本職工作，而不是像張敬明那樣凡事都積極主動、關心著公司上下很多的事務……回想起來這都是自己工作太不主動的原因。」說著，吳明輝羞愧的低下了頭。

由此可知，千萬不要以為只要準時上下班、不遲到、不早退就是完成工作了，就可以心安理得的領薪水了。工作需要努力和勤奮，需要一種積極主動、自動自發的精神。

在現代職場中，過去那種聽命行事的風格已不再受到重視，積極主動工作的員工將備受青睞。一個積極主動的員工總能把心思全部用在工作上。在工作中他們也往往能發現問題，並透過認真研究，找到解決問題的最好方法，獲得工作所給予的更多的回報。

主動工作贏得好職位

在當今這個競爭異常激烈的時代，被動就會處於挨打的地位，主動才可以占據優勢地位。我們的事業、我們的人生不是上天安排的，是要自己主動去爭取的。如果你主動的行動起來，那麼你不但鍛鍊了自己，同時也為自己爭取好的職位積蓄了力量。

所謂主動，就是積極的、自覺的，不用別人告訴或安排，你就能出色的做好工作。對整個年度或一段時期的工作有目標、有計劃有落實、有總結，什麼時候開始，什麼時候完成，想得到什麼樣結果，要心中有數。要善於發現問題，敢於面對困難，勇於探索追求，不達目標絕不放棄。如果我們不能做到這些，或者不能堅持這樣做下去，就談不上是主動工作。只能說得上是應付的被動工作。

主動是成功的基石，主動工作會使人擁有一個良好的心理狀態，使人取得意想不到的成功。鋼鐵大王卡內基（Andrew Carnegie）曾經說過：「有兩種人成不了大器，一種是除非別人要他做，否則不會主動做事的人；另一種是即使別人讓他做，也做不好事的人。那些不需要別人催促，就會主動做事，而且不會半途而廢的人將會成功，這種人懂得要求自己多付出一點點，而且做得比預期的更多。」任何一個企業都迫切的需要那些主動、負責的員工。積極主動是優秀員工的顯著標誌。優秀的員工往往不是被動的等待別人安排工作，而是主動去瞭解自己應該做什麼？做好計劃，然後全力以赴的去完成。主動工作、積極進取的員工，才可以盡快在職場中找到自己的位置，並獲得成功。

一九九二年秋天，街頭的梧桐片黃了，誘人的糖炒栗子滿街飄香。這天，某五金機械廠的一位員工正在嘉義聯繫客戶。這天，一家食品店門口排長隊買糖炒栗子的人群引起了他的注意。經過仔細觀察後，他發現大多數人買了糖炒栗子後，都急著張嘴就咬，常常把栗子肉弄得四分五裂。

吃栗子不方便，能不能製造個剝栗器？他迅速畫出了剝栗器的草圖，材料用鍍鋅鐵皮，成本極低。十分鐘後，他把他的設計圖傳真給了機械廠的總經理。總經理很感興趣，認為這是一項發明，肯定會大受歡迎，「不過，要越早上市越好，兩個月夠不夠？」他笑了：「兩個月？我一個星期就可以送貨上門。」經理不相信：「還要審批、定價什麼的，沒兩個月怎麼可能呢？」

當晚，這位員工就將剝栗器的草圖傳回了他在老家的工廠，模具兩個小時就做出來了，接著開始大規模生產。三天後，一整車剝栗器湧進了嘉義，大大小小商店門口的糖炒栗子攤主成了剝栗器的經銷商，為公司創造了數十萬元的利潤。

機械廠並沒有要求這名員工去主動關注市場，開發、設計剝栗器，但他自動自發的去做了。他為企業創造了利潤，企業自然也不會虧待他。

一個做事主動的人，知道自己工作的意義和責任，並且隨時準備把握機會，展現超乎他人要求的工作表現。

主動是一種態度。在日常工作中，經常會出現同樣的工作職位、同樣資質的不同員工去做，卻出現截然不同的工作結果，究其原因就是主動工作和被動執行的結果。

彼得和查理一起進入一家速食店，都當上了服務員。他們的年齡一樣大，也領著同樣的薪水，可是工作不久後，彼得就得到了老闆的誇獎，很快的被加薪，而查理仍然在原地踏步。面對查理和周圍同事的牢騷與不解，老闆讓他們站在一旁，看看彼得是如何完成服務工作的。

在冷飲櫃檯前，顧客走過來要一杯奶茶。

彼得微笑著對顧客說：「先生，你想在飲料中加入珍珠還是布丁嗎？」

顧客說：「哦，布丁好了。」

這一來速食店就多賣出一個布丁。在飲料中添加材料通常是要額外收費的。

看完彼得的工作後，經理說道：「據我觀察，我們大多數服務員只是按照顧客的要求去製作飲品，不會多做推銷。對於一個能夠在工作中主動提問、主動考慮著提高公司收益的員工，我沒有理由不給他加薪。」

主動做事情，是優秀員工的必備素養。主動做事不僅會讓你超越別人，更為重要的是，它還會讓你百倍的發揮自身潛力，超越自我。當你做到了積極主動，超越了自我，就會發現，加薪和升遷原來很簡單。

消極等待是很被動的

工作中，雖然聽命行事的能力相當重要，但個人的主動進取更受到重視。一名優秀的員工不只是被動的等待老闆安排工作，而是應該主動去思考所在的職位需要自己做什麼，然後努力的去完成。許多公司都努力把自己的員工培養成主動工作的人。每位老闆心中都對員工有強烈的期望，那就是：不要只做我告訴你的事情，運用你的判斷力，為公司的利益，去做需要做的事情。這一點每個員工都應該知道。

張敬明是一位有學識、有能力的部門主管，但卻在公司的一次人事變動中被裁員了，這讓大家都大感意外，百思不得其解。在一次偶然的聚會中，有人遇見其直屬上司，問起此事，上司說：「他在工作中缺乏『主動』，好幾次都見到他坐在辦公室內無事可做，在和別人閒聊，問他在做什麼，他答說：『工作做完了』。工作能做的完嗎？做完的工作是我直接告訴他要怎麼做的工作，而不是真的完成了他的本職工作。」

仔細品味，這位上司說的話不無道理。工作是永遠做不完的，一個優秀的員工應該是一個積極主動的工作的人。在同業競爭激烈的今天，你不能只滿足於把自己應該做的和老闆交辦的工作做好了，而是要在這之外，多發現和思考一些問題。主動去做老闆沒有交待的事情，並把這些事做好，你就能提升自己在老闆心目中的位置，才能被晉升到更高的職位，獲得更大的成功。

做事不用老闆交代是一種極為珍貴的素養。它能使人變得更加主動，更加積極，更加敬業。主動的工作，千萬不要等到你的老闆來催促你的時候。做事不必老闆交代，自願去做，就會自發的形成一個鞭策機制，鞭策自己快速前進。

在一家羊絨銷售公司，老闆吩咐三個員工去做同一件事：去供應商那裡調查一下羊絨的數量、價格和品質。

第一個員工五分鐘後就回來了，他並沒有親自去調查，而是向下屬打聽了一下供應商的情況就回來彙報。三十分鐘後，第二個員工回來彙報。他親自到供應商那裡瞭解了羊絨的數量、價格和品質。第三個員工九十分鐘後才回來彙報，原來他不但親自到供應商那裡瞭解了羊絨的數量、價格和品質，而且根據公司的採購需求，將供應商那裡最有價值的商品做了詳細記錄，並且和供應商的銷售經理取得了聯繫。

在返回途中，他還去了另外兩家供應商那裡瞭解羊絨的商業資訊，將三家供應商的情況做了詳細的比較，制訂出了最佳的採購方案。

第一個員工很顯然只是在敷衍了事，草率應付；第二個充其量也只能算是被動聽命，完成任務；而第三個員工絕對比另外兩個人做的更好。簡單的想一想，如果你是老闆你會僱用哪一個？你會賞識哪一個？如果要加薪、升遷，作為老闆你願意把機會留給誰？相信答案已在你心中。

在工作的過程中，我們不僅僅要完成別人所吩咐的分內的事情，還要主動去做那些應該做的事情。一旦你樹立了這樣的想法，你就會對工作有了重新的認識，就能認真負責的專注於自己的工作，從中領悟到更多的東西，也能比以前做得更好。

每個老闆都喜歡積極主動的員工，所以，從現在開始，你應該做到不必老闆交代就能盡到自己應盡的職責，那樣，你就會得到老闆的賞識，進而爭取到好的職位。

把自己看成公司的主人

每一個員工都應該把自己所在的公司當成是自己開的公司，這樣你才會竭盡所能、主動、高效、熱情的完成自己的任務，用心去打造屬於自己的職場角色。正如英特爾總裁安迪．葛洛夫（Andrew Stephen Grove）所說：「不管你在哪裡工作，都別把自己當成員工，而應該把公司看作是自己開的。自己的事業生涯，只有你自己可以掌握。不管什麼時候，你和老闆的合作，最終受益者也是你自己。」

把自己當成是公司的主人，認為這是在為自己做事，你就會對工作充滿激情，工作起來渾身是勁，沒有克服不了的困難和障礙。這種積極的心態，會激發你無限的潛能，使你的聰明才智發揮到極致。可想而知，結果肯定會是好的。哪個老闆不喜歡這樣的員工，他的喜歡就表現在加薪、升遷，贊許有加。這反過來又會激發你更大的熱情，因為你的付出得到了讚賞和肯定，這種積極的良性互動，使雙方都獲得了一個愉悅的心態。這樣一步一個台階，做主人是水到渠成的事。如果你不把自己當主人，始終把自己擺在從屬、僱傭的地位，在這樣消極的心態下，該去想的你也不去想了，該做到最好的，你也敷衍了事；實際上，你會失去很多歷練的機會，失去發揮你聰明才智的機會。反過來，這種惡劣的態度也會進一步影響你的心態和工作熱情，實在是一種很糟糕的惡性循環。

少韋剛進入公司時，他的薪水比普通工人還低。工作半個月後，他發現該公司生產成本高，產品品質差，在這樣的情況下，很多人肯定是一走了之或者閉口不提，因為既然公司給自己的薪水這麼低，怎麼會把好建議提給公司呢？但是少韋卻不遺餘力的說服公司老闆推行改革以攻占市場。身邊的同事對他說：「老闆給你的薪水也不高啊，你為什麼要這麼賣命啊？」他笑道：「我這樣是為我自己，這是我的事業。」一年後，少韋被晉升為副總經理，薪水翻了好幾倍。

一個把企業的事當成自己的家事一樣對待的員工，事事都會為企業利益著想，這樣的員工無論走到哪裡都會得到重用。因為所有的企業，所有的管理者，都願意得到這樣的員工，並放心的將企業的事務交給他們來管理。

某公司最近接到了一個大訂單，這筆訂單要是做成，即使是最底層的員工都會有近萬元的收入。一時間，公司上下團結一致，加快了工作節奏。那段時間真的是讓老闆最欣慰的時期，無論什麼時候他都能看到員工們忙碌的身影。即使下班了，大部分員工也還坐在那裡工作，似乎上班下班都沒什麼區別了。所有的員工都把公司當作了自己的家，公司的事就是他們的事，公司的效益就是自己的利益。

兩個月之後，這批貨終於順利安全的交到了客戶手中。客戶在付款之餘問了個問題：「要求你們在如此短的時間裡做出這麼多產品，各方面的工作又需要做得如此嚴密，真是太不容易的一件事。但能夠這麼快收到你們的貨，我著實有一些驚訝。」該公司老闆笑了笑說：「因為我們大家為了同一個目標奮鬥。他們知道公司得到利益的同時，他們也會得到好處。」

作為企業的一員，把自己當成企業的主人是做好一切工作的前提。因為只有把自己當成企業的主人，才能夠主動維護企業利益，才能夠顧全大局，正確處理個人與企業利益的關係。

有一條永遠值得人們銘記的道理：把自己看做公司的主人，你就會走向成功。只要你是公司的一員，就應當以公司為家，和公司榮辱與共。投入自己的忠誠和責任，盡職盡責，處處為公司著想，理解公司面臨的壓力，以公司主人的態度去應對一切。

工作之中無小事

有這樣一個故事：

一四八五年，英國國王理查三世（Richard III）與里奇蒙伯爵亨利（Duke of Richmond and Somerset）準備決一死戰，此役決定著英國的前途和命運。

決戰當天早上，國王理查派一個馬夫去準備戰馬。馬夫讓鐵匠幫國王的戰馬釘掌，鐵匠說：「我前幾天幫國王的軍隊全部釘了馬掌，所有的馬掌和釘子都用光了，我要重新打。」

馬夫不耐煩的說：「我等不及了，你有什麼就用什麼吧！」

於是鐵匠找來四個舊馬掌和一些舊釘子，把他們砸平整形後釘上國王的戰馬的馬蹄。可是最後一個馬掌只釘了兩枚釘子後，就連釘子都沒有了。馬夫等不及了，認為兩顆釘子應該能勉強掛住馬掌，就急著牽走了馬。

結果，在戰場上，理查的馬因為掉了一隻馬掌，戰馬便失足掀翻在地，於是理查國王被亨利的士兵活捉了。

這就是忽視小事而造成大的損失的經典事例。處理不好小事，往往會給我們帶來一些損失或是不愉快。工作也是如此。在工作中，大事情需要落實到位，小事情也要不折不扣的落實。因為，很多大事情都是由無數件小事所構成的，假如我們在小事上落實不到位，大事情也就無法完成。

大學畢業後，文彬到一家私營企業從事外貿工作，他每天都熱情的從一點一滴的小事做起。影印、收發傳真、接打電話等，對於這些很瑣碎的事情，他從來都不嫌麻煩。有不懂的地方，他總是及時向別人請教。

公司的王經理是搞貿易的行家，所有的股東都視他為公司的中流砥柱。有一天早上，王經理吩咐文彬去銀行匯一筆錢給一個客戶，文彬接到任務後馬上帶著相關資料到銀行，趕在下班之前將這筆錢匯給了客戶。當時他認真檢查了金額、日期、發票、合約，確信沒有問題之後交付銀行。銀行工作人員審核後，依照程序辦理匯款。

沒想到第二天中午，文彬就被經理叫到辦公室。他的臉色很難看，第一句話就問文彬：「你給客戶付款的帳號寫的是多少？」張恆馬上意識到帳號有可能出了問題，仔細比對後，他發現因為帳號是客戶方面透過簡訊發給自己的，而他在把帳號記下的時候，最後一個數字正好換行，他沒有把簡訊繼續看下去，因此漏掉了最後一個數字。

後來透過多次和銀行的溝通，才把這筆錢匯到了客戶的帳號上。但是，由於資金沒有及時到帳，導致客戶那邊不能按時發貨，損害了企業的信譽，也造成了很大的經濟損失。

這是忽視小事和細節的一大後果。可見，無論做哪種工作，不注重細節，忽視小事，都會給公司及個人帶來負面的影響，甚至造成損失。

「小事」往往牽連大事，關係著大局。在日常工作中，常常是因事「小」而被人忽視，掉以輕心；因其「細」，也常常使人感到繁瑣，不屑一顧。但就是這些小事和細節，往往是工作進展的關鍵和突破口，是關係成敗的雙刃劍。因此，員工必須時刻牢記「工作之中無小事」的信條，培養注重細節、嚴謹負責、防微杜漸的職業品格，用百分之百的熱情追求每一件工作的盡善盡美，這也是職場人士謀求好職位的致勝之道。

工作中無小事，這首先要求我們極具責任心，不放過每一個細節，認真對待它，努力完成它。即使是最普通的事，也不應該敷衍應付或輕視懈怠，相反的，應該付出我們的熱情和努力，多關注怎樣把工作做得最好，全力以赴、盡職盡責的去完成。許多與我們同時起步的人，和我們一樣做著簡單的小事，但後來逐步晉升於我們之上，原因之一是他們從不認為他們所做的事只是簡單的小事。

玄杰和建宇大學畢業後，進入了一家貿易公司工作。他們本以為會受到重用，升上重要職位。可是，他們卻被安排了類似雜務工的工作，負責廁所衛生、補充辦公用品等一些瑣碎的日常小事。於是他們便開始私下埋怨。玄杰開始厭倦這份工作，常常打電話和留意徵才資訊，隨時準備跳槽，工作則扔到一邊，甚至常常缺勤；建宇雖然心裡不痛快，卻仍然潛心工作、任勞任怨，把它作為鍛鍊自己的機會，相信總有一天會贏得認可。他還深入瞭解公司情況，學習業務知識，熟悉工作內容。

工作五個月後，建宇終於被調到重要職位，結束了單調而討厭的工作，而玄杰還沒另外找到工作就已經被辭退。

只有善於做小事的人才能做成大事。在工作中，我們要甘於做一些小事。透過做這些小事，累積了經驗，增強了信心，日後才能做更大的事情。

任何人進入一個職位後，都需要經歷把所學知識與具體實踐相結合的過程，這就需要從一些簡單的工作開始實踐，並從實踐中不斷學習。所以，面對一件不起眼的小事，你要一絲不苟的扎扎實實做好，並不斷累積經驗。

小事成就大事，細節成就完美。有時，看似無關緊要的小事卻往往關係到一件事情的成敗，關係到個人的前途和命運。作為一名優秀的員工，你必須真正瞭解「平凡」中蘊藏的深刻內涵，關注那些以前總認為無關緊要的平凡小事，並盡心盡力的認真做好它。因此，在工作中，我們要真正從小事做起，從細節入手，把小事做好，把細節做得更周到細緻，注意在做事的細節中找到機會，這樣才能贏得老闆的賞識，從而使自己走向晉升之路。

工作態度決定了你的成就

在企業中，每個人都有著不同的工作軌跡，有的人成為公司裡的核心員工，受到老闆的器重；有的人一直碌碌無為；有些人牢騷滿腹，總認為與眾不同，而到頭來卻一無是處……眾所周知，除了少數天才，大多數人的稟賦相差無幾。那麼，是什麼在造就我們、改變我們？答案就是「態度」！

路易在目前的公司工作已經將近三年了，當初會進這家公司是因為福利好、升遷管道順暢，所以路易就跳槽到這裡來了。但是，最近他開始有了離開公司的打算，因為跟他同時進入公司的同事，在前一陣子都獲得了晉升或加薪，唯獨路易沒有得到絲毫的獎勵，這讓他覺得十分失望。

但是因為他在這個公司待了一段時間了，覺得工作也還滿輕鬆的，找其他的工作也不一定會更好，於是他打算去跟老闆爭取應得的權益。

於是，路易把這個想法告訴他的朋友，並詢問朋友的意見。他的朋友在聽完他的敘述之後，就順口問了一句：「為什麼你總是得不到應有的報酬呢？」

這句話讓路易恍然大悟，心想：「是啊，為什麼我不能像大家一樣獲得老闆的賞識呢？」於是，他開始思考自己平時在公司裡的表現。

經過深刻的檢討與觀察之後，他發現同事們在公司都表現得十分積極，有什麼工作交代下來，大家都會很認真的做好。反觀自己，總是在工作截止日期快到之前，才匆匆忙忙的趕工，然後草草了事。此外，同事們總是比他早到公司，也比他晚離開，不管工作效率或是態度如何，至少這樣就讓人覺得對工作付出的比較多。

在這樣的反省之後，路易決定從改變自己的工作態度做起，為自己建立積極的工作形象，因為如果自己原本就沒做好，又怎能去跟別人比較呢？

現實中，像路易這樣的人很多，他們進入一家公司之後，眼看調薪、升遷都沒有自己的份，難免會覺得不是滋味，一開始的反應當然都是生氣，或是覺得老闆不公平，因而產生離職的念頭，或是對工作提不起勁。你是不是也像路易一樣，常常遭受「不公平」的待遇，覺得心裡不平呢？如果真是這樣，在爭取權益之前，不妨先檢查一下自己的工作態度。

在工作中，許多時候態度決定成敗，並非能力，而是心態決定成就的大小。任何人都想做一個事業上的成功者，而做一個成功者必須要在工作中時時刻刻保持積極的工作態度。在美國，如果一個人的本職工作做不好，就會失去信譽，那麼他再找別的工作，做其他的事情就沒有可信度了。如果認真的做好一個工作，往往還有更好、更大的工作等著你去做，這就是良性發展。所以說，你的工作，就是你的生命的投影。對待工作不應該是敷衍了事，對自己喜歡的工作就應該付出自己的熱情，用自己的全力去做好它。

有個老木匠準備退休了，他告訴老闆，說要離開建築產業，回家與妻子兒子享受天倫之樂。老闆捨不得做得一手好工藝的老木匠走，再三的挽留，但老木匠決心已下，不為所動。老闆只得答應，但是問他是否可以幫忙再建一座房子。老木匠答應了。

在蓋房過程中，大家都能看出來，老木匠的心已經不在工作上了。用料也不那麼講究，做出的成品也全無往日水準。老闆並沒有說什麼，只是在房子建好後，把鑰匙交給了老木匠。

老闆說「這是你的房子，是我送給你的禮物。」老木匠愣住了，他的後悔與羞愧，大家也都看出來了。他這一生蓋了多少好房子啊，最後卻為自己建了這樣一幢粗製濫造的房子。

由此可見，工作品質往往決定生活的品質。沒有積極的工作態度，對自己所從事的工作缺乏必要的熱情，工作中敷衍了事，那在人生的路上只能是一個失敗者。

在企業之中，我們可以看到形形色色的人。每個人都有自己的工作態度。有的勤勉進取；有的悠閒自在；有的得過且過。工作態度決定著工作成績。我們不能保證你具備了某種態度就一定能成功，但是成功的人們都有著積極的工作態度。

一個人的工作態度反映著人生態度，而人生態度決定一個人一生的成就。一個人只有具備了盡職盡責的工作態度之後，才會產生改變一切的力量。改變態度，努力培養自己勇於負責的精神，你將成為工作與生活中的贏家。

第六章　好職位偏愛有職業道德的人

一個員工能否謀得一個好的工作職位，在很大程度上取決於個人的職業素養，職業素養越高的人，獲得成功的機會就會越多一些。一個人只有具備較高的職業素養，才會在工作中發揮出他自己最大的效率，而且也能更迅速、更容易的獲得成功。

對工作充滿熱情

熱情是是一種積極向上的態度，更是一種高尚珍貴的精神，是對所做的事的熱衷、執著和喜愛。不論我們從事的是什麼樣的工作，如果沒有傾注全部的熱情，都很難將它做好，也很難在某一領域做出成就並展現自我的價值。

比爾蓋茲曾說過：「每天早晨醒來，一想到所從事的工作和所開發的技術將會給人類生活帶來的巨大影響和變化，我就會無比興奮和激動。」比爾蓋茲的這句話闡釋了他對工作的熱情。在他看來，一個事業成功的人，對工作的熱情和能力、責任、忠誠一樣不可或缺。而他的這種理念，也已成為微軟文化的核心，讓微軟王國在資訊科技世界傲視群雄。

微軟的人資官員曾對記者說：「從人力資源的角度講，我們願意招的『微軟人』，他首先應該是一個非常有熱情的人：對公司有熱情、對技術有熱情、對工作有熱情。可能是一個你會覺得奇怪，微軟怎麼會招這樣一個人，他在這個行業涉入不深，年紀也不大，但是他有熱情，和他交談之後，你會受到感染，願意給他一個機會。」

美國著名播音員格雷厄姆．麥克納米（Graham McNamee）原先是一個沒有名氣的歌手，常常找不到工作。有一天，他無意中看一家廣播電台的標語，他心想廣播電台很可能需要一位歌手，於是他就來到一間小辦公室裡，與電台經理交談起來。經理搖頭說他們不需要歌手。麥克納米雖然遭到善意的回絕，但他還是問了一些問題，知道了廣播事業的一些運行機制。經理見他對這一行確實有興趣，而電台正好需要一個播音員，於是便決定讓麥克納米試一試音。

麥克納米滿懷熱情的試了音，十分鐘後，麥克納米被電台聘用了。於是，他步入了廣播事業的行列中，並取得了令人矚目的成就。倘若麥克納米對工作缺少熱情，那麼，他就註定不會發現生活裡的這一變化，也就不會抓住身邊的機會。

在工作中，熱情是最好的催化劑。如果你在工作中充滿熱情的話，你就會有許多意想不到的結果，熱情將會把夢想變成現實。

熱情是工作的靈魂，是一種能把全身的每一個細胞都調動起來的力量，是不斷鞭策和激勵我們向前奮進的動力。在所有偉大成就產生的過程中，熱情是最具有活力的因素，可使我們不懼現實中的重重困難。

傑克是某商務公司的一個推銷員，憑著高超的推銷技藝，他敲開了無數經銷商的大門。有一次，他路過一家商場，進門後先向店員寒暄一番，然後就與他們聊起天來。透過閒聊，他瞭解到這家商場有許多不錯的條件，於是想將自己的產品推銷給他們，但卻遭到了商場經理的嚴厲拒絕，經理直言不諱的說：「如果進了你們的貨，我們是會虧損的。」傑克豈肯善罷甘休，他動用了各種技巧試圖說服經理，但磨破嘴皮都無濟於事，最後只好十分沮喪的離開了。他駕著車在街上溜達了幾圈後決定再去商場。當他重新走到商場門口時，商場經理竟滿面堆笑的迎上前去，不等他開口，經理馬上決定訂購一批產品。

傑克被這突如其來的喜訊搞糊塗了，不知這是為什麼，最後商場經理道出了緣由。他告訴傑克，一般的推銷員到商場來很少與營業員聊天，而傑克首先與營業員聊天，並且聊得那麼融洽；同時，被他拒絕後又重新回到商場來的推銷員，傑克還是第一位，他的熱情感染了經理，為此也征服了經理，對於這樣的推銷員，經理還有什麼理由再拒絕呢？

由此可見，熱情是一種意識狀態，是一種重要的力量，工作中的熱情可使我們精力充沛，超常發揮，解決工作中各種困難，成就你的一生。

憑藉熱情，我們可以釋放出潛在的巨大能量，發揮出一種堅強的個性；憑藉熱情，我們可以把枯燥乏味的工作變得生動有趣，使自己充滿活力，培養自己對事業的狂熱追求；憑藉熱情，我們可以感染周圍的同事，讓他們理解你、支持你，擁有良好的人際關係；憑藉熱情，我們更可以獲得老闆的提拔和重用，贏得寶貴的成長和發展的機會。

作為職場中人，無論你從事哪個行業，身處在哪個部門，只要你對工作保持時刻的熱情，你就會在工作中脫穎而出。

將敬業當成一種習慣

在競爭越演越烈的現代職場，敬業是一個人不可或缺的重要條件。它是強者之所以成為強者的一個重要原因，也是一個弱者變為一個強者所應該具備的職業品行。你如果在工作中具有敬業精神，並且將敬業變成了一種習慣，那麼無論從事什麼行業，你都會是該領域裡出類拔萃的。

敬業是對渴望成功的人在對待工作上的基本要求。敬業精神簡單的說就是個人對待職業的態度，是職業道德的具體表現，它是個人在從事自己所主導的活動中表現出的個人特質和涵養。

在一所大醫院裡，有位外科護士首次參與外科手術，在這次的腹部手術中負責清點所用的醫療器具和材料。在手術就要結束時，這位護士對醫生說：「你只取出了十一塊紗布，而剛才我們用了十二塊，我們得找出餘下的那一塊。」醫生卻說：「我已經把紗布全部取出來了，現在，我們來把切口縫好。」但那位新護士堅決反對：「醫生，你不能這樣做，請為病人著想。」

醫生眼裡頓時閃出欽佩的光彩：「你是一個合格的護士，你通過了這次特別的考試。」原來，精明的醫生把第十二塊紗布踩在了自己的腳下，當他看到新來的護士如此認真對待工作時，他高興的抬起了腳，露出了那第十二塊紗布。

由此可見，敬業就是對工作認真負責的態度，尊重自己的工作，對自己定出比別人更高的標準，工作時投入自己的全副身心，甚至把它當成自己的私事，無論怎麼付出都心甘情願，並且能夠善始善終，把工作做到合乎完美程度的一種追求。如果一個人能這樣對待工作，那麼就會有一種神奇的精神力量支撐著他的內心，使他盡善盡美的完成自己的工作。

敬業精神是做好本職工作的重要前提和可靠保障。某知名公司的總經理曾說：「我們公司聘人的標準是敬業精神，當然，辭退的原因也和敬業有關。我認為，一個人的工作是他生存的基本權利，有沒有權利在這個世界上生存，要看他能不能認真的對待工作。能力不是最主要的，能力差一點，只要有敬業精神，能力漸漸會提高的。如果一個人本職工作做不好，找別的工作、做其他事情都將沒有可信度。如果認真做好一個工作，往往還有更好的、更大的工作等著你去。這就是良性發展。」

敬業就是敬重並重視自己的職業，把工作當成自己的事業，並為此付出全身心的努力。抱著認真負責、一絲不苟的工作態度，並能夠克服各種困難，做到善始善終。

麥當勞的新總裁查理·貝爾（Charlie Bell）年僅四十三歲，他是麥當勞的首位澳洲老闆。當年年僅十五歲的貝爾無奈之中走進了一家麥當勞店，只想工作賺點零用錢，他沒有想到以後在這行業會有什麼前途。當時他被錄用了，工作是打掃廁所。雖然掃廁所的工作又髒又累，但貝爾卻非常敬業。他常常是掃完廁所，就擦地板，擦完地板，又去幫忙烘烤中的漢堡包翻面。不管做什麼事都非常敬業。就這樣，貝爾的老闆彼得·里奇心中暗暗喜歡這個年輕人。沒多久，里奇說服貝爾簽了員工培訓協議，把貝爾引向正規職業培訓。培訓結束後，里奇又把貝爾放在店內各個職位上鍛鍊。雖然只是做鐘點工，但敬業的貝爾不負里奇一片苦心。經過幾年訓練，他全面掌握了麥當勞的生產、服務、管理等一系列工作。

在貝爾十九歲那年，他晉升為澳洲最年輕的麥當勞店面經理。

可見，貝爾在工作中的盡心盡責、忘我投入的敬業精神使他實現了自己的人生價值，從而得到了職位的晉升。

敬業是任何一份職業都需要的職業道德，是將工作做好的最直接的能力。敬業的人懷著一種對職業的敬仰，才能在工作中充分發揮自己的潛力，找到自己的價值。如果你在工作上能敬業，並且把敬業變成一種習慣，你會一輩子從中受益。

與公司共命運，才有升遷空間

對每個員工來說，與公司共命運永遠都是你的職責。因為，公司的命運將直接影響到你個人的前程。如果你所在的公司發展不順利，你的個人利益就會受到影響；如果公司經營不善最後倒閉，那麼你還得重新選擇職業。所以，你的利益和公司的利益是一致的，公司的發展也是保障你個人利益和發展前途的基礎。因而，公司這個大舞台，它需要所有人全力以赴、共同配合的把戲演好。

張明軒在一家只有二十人的電腦零件製造公司工作，他的老闆劉家豪，只是一個比他大三歲的年輕人。就在張明軒來到公司的第三個月，公司接到了一個大的訂單，為某電腦公司加工六十萬張硬碟。這對當時的公司來說，已經是個很大的訂單了，這筆訂單能否順利完成，對公司日後的發展關係重大。公司上下馬上就忙碌了起來，將全部的資金都投入到這個訂單中去了。

然而，商場風雲變幻莫測，一方面由於技術不能過關，另一方面由於管理上的疏忽，所生產的硬碟出現了嚴重的品質缺陷，被全部退貨。對於張明軒所在的小公司來說，這無疑是一個極其沉重的打擊，公司不但沒有賺到錢，反而欠了銀行的債。銀行知道消息後，不斷上門來逼債。後來，連支付水電費都成了問題。

但老闆劉家豪還是四處籌借到了發薪水的錢。發薪水時，老闆召開了會議，向員工闡明了公司目前面臨的窘境，並提出希望員工能夠和他共同來應對這場困難，在瞭解公司的境況後，許多員工都選擇了離職。還有一部分員工認為公司走到這一步，老闆劉家豪應該承擔全部責任，所以他們向老闆要求支付資遣費。其中就有以往對老闆表示過忠心的人，這使老闆劉家豪感到很傷心，但是他毫不猶豫的在他們的資遣費明細表上簽了字。那些原來沒有打算所要資遣費的員工見到此情景也紛紛要求賠償，劉老闆都一一滿足了他們。

當看著那些平日裡信誓旦旦說要和自己共同打拼的員工們離他而去時，劉家豪感到十分孤單，他以為公司就剩下了他一個人了。但當他走出自己的辦公室時，他驚訝的發現還有一個人安靜的在工作，這個人就是張明軒。他是一個平日裡並不怎麼接近老闆劉家豪，也很少和老闆交談的員工。看到這個情景，老闆非常感動，他走到張明軒面前對他說：「你為什麼沒有向我所要資遣費呢？如果你現在要，我會給你雙倍的。雖然我現在已經身無分文了，但我相信我的朋友會幫助我的。」

「資遣費？」張明軒笑了笑，「我根本就沒有想過要離開，為什麼要索要資遣費呢？」

「你不打算離開公司？」老闆劉家豪顯得非常驚訝，「難道你認為公司還有希望嗎？說實話，我自己都失去信心了。」

「不，我認為公司還大有希望，你是公司的老闆，你在，公司就在；我是公司的員工，公司在，我就該留下來。」張明軒說。老闆被深深的感動了，「有你這樣的員工，我當然應該振作起來！但是，我不忍心你和我一起吃苦，我事實上已經破產了，你還是去找新的工作吧。」

「老闆，我願意留下來和你一起吃苦。在公司發展好的時候，我來到了公司，如今公司有了困難，我就離開的話這太不道德了。如果你把我當作朋友，你就讓我來幫助你吧，我可以不要一分錢。」

張明軒堅定的留了下來，並把自己多年的積蓄借給了劉家豪。劉家豪也為了償還銀行和員工的賠償金，賣掉了自己的加工廠和所有的設備，也賣掉了汽車和房子。在接下來的日子裡，他們轉變了經營的重心，開始幫一些軟體公司代銷軟體。這種營業方式的投入很小，公司很快就有了轉機，在半年的艱苦奮鬥後，公司終於開始盈利了。此後，公司進入了快速的發展階段，一年多後，公司就由負債轉為盈利了。

一天，工作之餘，張明軒和老闆劉家豪在一家咖啡館喝咖啡，劉家豪誠懇的說：「在公司最困難的時候，是你給了我最大的幫助。在當時我就想把公司三分之一的股份交給你，但當時公司還沒有脫離困境，我怕拖累你，現在公司終於起死回生了，我覺得是時候把它交給你了。同時，我真誠的邀請你出任公司的副總經理一職。」劉家豪說著，將聘書和股權證明書一起交給了張明軒。

從上面的這個故事，我們可以看出，員工也是企業的主人，公司的興亡不僅和公司裡的每一個員工的切身利益有著直接的關係，而且還維繫在公司的每一位員工身上。任何一個公司在發展的過程中，都會出現起伏的狀況。如果你所在公司出現危機或者步入低谷時，你是否能做到與老闆同舟共濟？如果你做到了，你必然會受到老闆賞識，一旦公司出現轉機，你就會得到豐厚的回報，那就是更高的職位和更多的薪水。所以，當你登上了公司這個大舞台，你就必須和公司共命運，必須和老闆同舟共濟。

用忠誠去為好職位鋪路

在一個企業裡，老闆需要的是一批忠誠於企業的員工。一項調查結果顯示：最受老闆器重的員工往往不是最有能力的那一個，而是最忠誠的那一個。因為忠誠，他們才能盡心盡力、盡職盡責；因為忠誠，他們才能急企業所急，憂企業所憂；因為忠誠，他們才敢於承擔一切。

忠誠是人類最重要的美德之一。忠實於自己的公司，忠實於自己的老闆，與同事榮辱與共，將獲得一種集體的力量，人生會變得更加充實，事業會變得更有成就感。

忠誠是衡量人品的一把尺，也是職場中最值得重視的美德。因為每個企業的發展和壯大都是靠員工的忠誠來維持的，如果所有的員工對公司都不忠誠，等待它的只有一條路——那就是破產，而那些不忠誠的員工也嘗到了自己種下的苦果——失業。

從前，有個西班牙王子在路過一間公寓時，看到他的一個年輕僕人正緊緊的抱著自己的一雙拖鞋睡覺，王子試圖把那雙拖鞋拿出來，卻把僕人驚醒了。這件事給這位王子留下了很深的印象，他心裡想：對小事都如此小心的人，一定很忠誠，應該可以委以重任，於是他就把那個僕人晉升為自己的貼身侍衛。後來，那位侍衛一步一步當上了西班牙的軍隊司令。

一個人只有具備了忠誠的品質，才能取得事業上的成功。如果你能忠誠的對待工作，就能贏得老闆的信任，從而給你以晉升的機會，並委以重任，在這樣一步一步前進的過程中，你就不知不覺提高了自己的能力，爭取到了成功的砝碼。

索尼公司有這樣一句話：「如果想進入公司，請拿出你的忠誠來。」這是每一個欲進入日本索尼公司的應聘者常聽到的一句話。索尼公司認為一個不忠於公司的人，再有能力，也不能錄用，因為他可能為公司帶來比能力平庸者更大的破壞，索尼公司不喜歡「叛徒」。

趙澤凱到一家大型合資公司面試。他的工作能力無可挑剔，但是他們提出了一個使趙澤凱很失望的問題：「我們很歡迎你到我們公司來工作，你的能力和資歷都非常不錯。我聽說，你以前的公司開發了一個新的財務應用軟體，據說你提出了很多有價值的建議。我們公司也正在策劃這方面的業務，你能否透露一些你前公司的情況，你知道這對我們很重要，而且這也是我們為什麼看中你的一個原因，請原諒我的直白。」面試官說。

「你問我的問題令我感到失望，同樣我的回答也會令你失望的。很抱歉，我有義務忠誠於我的公司，即使我已經離開，無論何時何地，我都必須這麼做，與獲得一份工作相比，忠誠守信對我而言更重要。」趙澤凱說完就走了。

趙澤凱的朋友都替他惋惜，他卻為自己所做的一切感到坦然。

沒過幾天，趙澤凱收到了來自這家公司的一封郵件。信上寫著：「趙澤凱，祝賀你被本公司錄用了，不僅因為你的專業能力，更重要的還有你的忠誠。」

如果你忠誠的對待你的老闆，他也會真誠的對待你。不管你的能力如何，只要你真正表現出對公司的忠誠，你就能夠贏得老闆的信賴。老闆在用人時不僅僅看重個人能力，更看重個人的特質，而特質中最為關鍵的就是忠誠度。在這個社會中，並不缺乏有能力的人，那種既有能力又有忠誠度人才是每個企業企求的理想人才。人們寧願信任一個能力差一點卻足夠忠誠的人，而不願意用一個朝三暮四、視忠誠為無物的人，哪怕他能力非凡。

忠誠是一個員工的優勢和財富，它能換取老闆對你的信任和坦誠，能換來同事對你的贊許，能使你的心靈得到淨化，能換來你的成就感。如果有了忠誠的美德，總有一天，你會發現它會成為你巨大的財富。相反的，如果你失去了忠誠，那你就失去了做人的原則，失去了成功的機會。

所以，忠誠於自己的公司，忠誠於自己的老闆，跟公司的同事和老闆和睦相處，與公司同舟共濟、榮辱與共，全心全意為公司工作，把公司當成自己的公司，一旦公司成功了，你自然也就贏得了成功。

愛上自己的公司

每一位員工都要以公司的利益為重，不能只是片面的追求個人利益。這是因為，公司是一個人生活、發展的載體，它不但為員工提供了一個工作的機會，更提供了一個發揮個人聰明才智、實現自我價值的舞台。因此，公司的命運和員工的命運是息息相關的，公司有好的發展，你自然會從中受益，公司衰敗了，就意味著「皮之不存，毛將焉附」。

現在，每個人都在尋找能夠讓自己充分發揮能力的企業，而企業也在尋找優秀的員工。雙方的要求並不會產生矛盾，而是相輔相成的，總結成一點就是「敬業」。沒有愛自己公司的意識，不具備敬業精神的人，也就無從談起會在工作中積極進取，更不會熱愛自己的公司，他們的工作目的只不過是為了眼前的一點薪水而已。這種行為不僅荒廢自己的事業，還浪費了公司為我們提供的各種資源和平台，這種人遲早都會被排除在公司的大門之外。只有那些踏實、勤奮，能夠與公司共命運的人才會被公司留下來，從而也能更好的去發揮自己的潛能。你有多大的能力，企業就會提供多大的舞台。

邁克爾·阿布拉斯霍夫（Michael Abrashoff）是暢銷書《這是你的船：成功領導的技巧和實踐》一書的作者，他曾經擔任美國導彈驅逐艦「班福特號」的艦長。一九九七年六月，當邁克爾·阿布拉斯霍夫接管班福特號的時候，船上的水兵們士氣消沉，很多人都討厭待在這艘船上，甚至想要趕緊退役。但是，兩年之後，這種情況徹底發生了改變。水兵們上下一心，整個團隊士氣高昂。「班福特」號變成了美國海軍的一艘王牌驅逐艦。邁克爾·阿布拉斯霍夫用了什麼魔法使得「班福特」號發生了這樣翻天覆地的變化呢？引用他自己所著之書的話就是：「這是你的船！」邁克爾·阿布拉斯霍夫告訴士兵：「這是你的船，是你生存發展之地，謀生之所。」

公司對於每個員工來說也是如此，公司就是你的船，你的每一次航行都離不開它，不管路上遇到怎樣猛烈的狂風暴雨，公司始終和你一起面對，所以你要熱愛你的公司，熱愛你的船。只有你的船安安穩穩的行駛，你才能感覺到平安和踏實，如果你對公司這艘船平時漠不關心，當在海上遇到了什麼風暴，你一定也難逃厄運。不要忘了，你是這艘船上的船員，只有保證船能安全航行，你才能到達理想的彼岸。

任何一個公司的老闆都希望自己的員工能把公司當作自己的家，希望他們能夠自覺主動的擔負起責任，時刻注意維護公司的利益，並努力為公司創造經濟價值和社會價值，這樣才能使企業始終保持健康、穩定的發展。這也就是很多企業所提倡的「家文化」，在公司裡，包括老闆在內，人和人之間都互相「關愛」，「關愛」能讓公司中的每個人都擁有了快樂和激情。一幫情同手足的員工為他們的「家」——公司所快樂的效力。

如果你把自己定位於一個工作者的身分，與公司只是一種僱傭與被僱傭的關係，那麼自然而然就會拉大與公司的距離，甚至還會將自己立於與老闆或上司對立的位置，這樣一來敬業的心態就很難樹立起來。雖然你工作的目的之一就是賺取薪水，但事實並沒有這麼簡單，你和企業永遠是一個整體，只有企業不斷的發展壯大，在企業裡生存的員工才會得到發展。

因此，每個員工應該熱愛自己的公司。既然你選擇了這間公司，那麼你就要樹立起維護和建設公司的意識，只有自己所在的公司越來越好，它才能為你創造更多的機會，提供更大的發展空間。從這個意義上來說，公司的興亡不僅和每一位員工的切身利益密切相關，而且還維繫在公司的每一位員工身上。對每個員工來說，與公司一起乘風破浪永遠都是你的職責，這樣才可以讓你在工作職位上充分發揮自己的才能，真正實現自己的人生價值。

把對公司的熱愛落實到行動中吧，只要你能兢兢業業的堅守職位，樹立以大局為重的觀念，增強團隊意識，愛護和節約公司的財物，為公司貢獻自己技能和智慧，你的公司一定會成為一個你所熱愛的歸宿。

沒有「分外」的工作

做好自己的本分，是成功的基石。而做點分外之事，則是敬業精神的體現，也是個人氣度的體現。多做一些分外工作一定會使你獲得良好的聲譽，這對你來說，是一筆巨大的無形財富，在你的職涯發展道路上，可能會起到關鍵的作用。

有一對兄弟從農村來到都市工作，他們既沒有學歷又沒有工作經驗，幾經周折才被一家貨運公司招聘為搬運工。每天，兄弟倆都在碼頭的一個露天倉庫裡搬卸貨物。哥哥年齡大，心眼多，工作的時候經常耍花招偷懶。而弟弟卻不一樣，他不僅工作非常積極，而且有責任心。他經常主動加班工作，卻沒有要求什麼回報，因為他把工作中的所有事情都看成了自己的分內事。

有一天深夜，外面刮起了狂風暴雨。弟弟馬上從床上爬了起來，拿起手電筒就衝到大雨中去。哥哥怎麼勸他都沒用，只好在他背後大罵他是個傻瓜：「這根本不是你需要做的工作！這只是分外的工作，即使你去做了，老闆也不會給你加薪水！即使老闆願意給你錢，但你現在去做了，老闆也看不見啊！」

弟弟卻認為：「只要力所能及，工作哪有什麼分外分內的？」

在倉庫裡，弟弟查看了一個又一個貨堆，並加固了那些被掀起來的篷布。

正在這時候，老闆開車來到倉庫，恰好看到了弟弟正在檢查倉庫，全身上下早已被雨水淋得濕透了。當老闆看到貨物完好無損而弟弟卻成了「落湯雞」時，他非常感動，當場表示要給弟弟加薪。弟弟拒絕了：「不用了，我只是出來看看篷布結不結實。再說了，我就住在倉庫旁邊，來看一看貨物也只是舉手之勞。」

老闆看到他如此誠實和有責任心，就決定讓他到自己新開的一家公司去當負責人。

在工作中，如果你想要贏得老闆的關注，謀得好職位，就不要強調分內分外，分內的工作是你應該完成的也是必須完成的；而分外的工作則是你在時間允許且完成了自己的本質工作的前提下，盡量能去完成的事。

在公司裡，你永遠沒有分外的工作。那些所謂的分外工作都應該是你的工作。能夠把它做好，不僅是能力的體現，更能加重你在公司經營者心中的分量。

柯金斯在擔任福特汽車公司總經理時，有一天晚上，公司裡因為有十分緊急的事要發通告給所有的營業處，所以需要全體員工協助。當柯金斯安排一個做書記員的下屬去幫忙裝信封時，那個書記員竟傲慢的說：「這不是我的工作，我不做！我到公司裡來不是做裝信封的工作的。」聽了這話，柯金斯一下就憤怒了，但他仍平靜的說：「既然這件事不是你的分內事，那就請你另謀高就吧！」

在實際工作中，常常有這樣的員工，他們將分內、分外用明確的界線劃得很清楚，只做自己分內的工作，或多做一點就要圖報酬，殊不知這將有礙於自己工作能力的提高，久而久之還會令老闆對你失去好感。所以，當你接到額外工作時，不要愁眉苦臉，抱怨不停，多做分外工作對你的成功大有好處。社會在發展，人們的思想也在變化，不要總是以「這不是我的分內工作」為由來逃避責任。當額外的工作分配到你頭上時，不妨將之視為一種機遇、一種錘鍊。

總之，職場中沒有「分外」的工作。作為公司的員工，你應當對公司的發展全面負責，不論分內、分外的工作都要全力以赴的做好。

第七章　好職位偏愛團結合作的人

團結就是力量，合作才有出路。在當今勞動分工日益細密的情況下，靠個人的能力以成功的機會更少了。合作已經成了人的一種能力，是成功的基礎。

多點團隊意識，不逞個人英雄

相傳，佛祖釋迦牟尼曾問弟子：「一滴水怎樣才能不乾涸？」弟子們苦思冥想：「孤零零的一滴水，一陣風能把它吹沒，一撮土能把它吸乾，其壽命能有多久？怎麼會不乾呢？……」弟子們始終回答不上來，釋迦牟尼說：「把它放到江、河、海洋裡去。」

這則寓言可理解為：一個人的力量是有限的，眾人的力量卻是無窮的。人們常說：「一個巴掌拍不響，眾人拾柴火焰高。」也就是說，一個人的力量總是有限的，有了大家的幫助，個人才能有更大的發展。

美國「發現號」太空梭在完成了第四次太空飛行使命後，女機長艾琳．科林斯(Eileen Collins)及機組人員與美國小學生舉行了見面會。其中一個學生問：「你們在太空飛行中獲得的最有價值的經驗是什麼」？

艾琳機長說：「最有價值的經驗就是人與人的合作。作為機長，我對太空梭負有許多責任，這必須透過與機組人員的合作來實現。只有互相合作，各展所長，才能發揮團隊的作用。」

合作是取得成功的重要前提，不能與他人良好合作，你就休想取得良好的工作成果，有時甚至僅僅把工作做到符合標準也非常困難。

王思琪是一家玩具公司的銷售員。她所在的部門曾因十分注重與他人合作而創造過不少銷售業績，而且部門中每一個人的業務成績都特別突出。後來，這種和諧而融洽的合作氛圍被她破壞了。

有一次，公司的經理把一個重要的專案安排給王思琪所在的部門，王思琪的主管猶豫不決的反覆斟酌考慮，最終沒有拿出一個可行的工作方案。王思琪認為自己對這個專案有十分周詳而又容易操作的方案。為了表現自己，她沒有與主管商量，更沒有貢獻出自己的方案，而是越過主管，直接向經理說明自己願意承擔這個任務，並提出了可行性方案。

王思琪的這種做法嚴重的傷害了主管，破壞了團隊的團結。結果，當經理安排她和主管共同執行這個專案時，兩個人在工作上不能達成一致意見，產生了重大的分歧，導致團隊中出現分裂，專案最終擱淺了。

可見，想要獲得成功，你就應該學會與人合作，而不是單獨行動。只有把自己融入到團隊和集體中，才能取得更大的成功。融入團隊必須要有團隊意識，摒棄個人主義，而是以齊心協力的合作意識，扮演好自己的團隊角色。

團隊精神勝過個人能力

一個人靠精神力量生存和發展，他的理念決定他的生存狀態。一家企業也是如此；無數人的個人精神，融會成一種共同的團隊精神，這是一家企業興旺的開始。

法國斯倫貝謝公司是一家從事石油勘探以及原油的開採、加工設備銷售等方面業務的大型跨國公司，它最看重的是應聘者的團隊精神。公司的面試官說：「在當今社會裡，企業分工越來越細，任何人都不可能獨立完成所有的工作，他所能實現的僅僅是企業整體目標的一小部分。因此，團隊精神日益成為企業的一個重要文化因素，它要求企業分工合理，將每個員工放在正確的位置上，使他能夠最大限度的發揮自己的才能，同時又輔以相應的機制，使所有員工形成一個有機的整體，為實現企業的目標而奮鬥。對員工而言，它要求員工在具備扎實的專業知識、敏銳的創新意識和較強的工作技能之外，還要善於與人溝通，尊重別人，懂得以恰當的方式與他人合作，學會領導別人與樂意被別人領導。」

二十一世紀是一個知識經濟的時代，也越來越要求團隊合作能力。一個人若真的想成就一番事業，就必須發揚合作的精神。因為如果沒有其他人的合作，任何人都無法取得持久性的成功。但是，有些人由於無知或自大，誤認為自己能夠單獨駕駛自己的小船駛入這個處處都充滿危險的生命海洋。這種人終會發現，有些人生的漩渦比危險的海域還要危險萬分。只有透過和平、和諧的合作努力，才能獲得成功，單獨一個人必定無法獲得成功。

有個年輕人，大學畢業後到一家公司上班。上班的第一天，他的上司就分配給他一項任務，為一家知名企業做一個廣告企劃案。

這個年輕人見是上司親自交待的，於是不敢怠慢，就埋頭認認真真的執行起來。但他不言不語的一個人摸索了半個月，還是沒有做出一個眉目來。顯然，這是一件他難以獨立完成的工作。上司交給他這樣一份工作的目的，是為了考察他是否有合作精神。但他不善於合作，既不請教同事和上司，也不懂得與同事合作一起研究。只憑自己一個人的力量去蠻幹，當然拿不出一個合格的方案出來。

由此可見，一個人想要取得成績，只是發揮以一當十的幹勁還不夠，還必須提高自己的團隊合作精神，使整個團隊發揮以十當一的功效。

在工作中，同事之間有著密切的關聯，誰都不能單獨的生存，誰也脫離不了群體。依靠群體的力量，做合適的工作而又成功者，不僅是自己個人的成功，同時也是整個團隊的成功。相反的，明知自己沒有獨立完成的能力，卻被個人欲望或感情所驅使，去做一個根本無法勝任的工作，那麼失敗的機率也一定更大。而且還不僅是你一個人的失敗，同時也會牽連到周圍的人，甚至影響到整個公司。

因此，一個團隊對一個人的影響十分巨大。善於合作，有優秀團隊意識的人，整個團隊也能帶給他無窮的幫助。如果你想要在工作中快速成長，就必須依靠團隊、依靠集體的力量來提升自己。

沒有完美的個人，只有完美的團隊

有這樣一個小故事：

小猴和小鹿在河邊散步，它們看到河的對岸有一棵結滿果實的桃樹。

小猴對小鹿說：「我先看到桃樹的，桃子應該歸我。」說著就要過河，但是小猴的個子實在太矮了，只走到河中間，就被水沖到下游的礁石上去了。小鹿也說：「是我先看到的，桃子應該歸我。」說著就過河去了。小鹿走到了桃樹下，但牠不會爬樹，怎麼也摘不著桃子，只得回來了。

這時身邊的柳樹對小鹿和小猴說：「你們要改掉自私的壞毛病，團結起來才能吃到桃子。」

於是，小鹿背著小猴過了河，來到桃樹下。小猴爬上桃樹，摘了許多桃子，自己一半，也分給小鹿一半。他們吃得飽飽後，高高興興的回家了。

這個故事告訴我們一個深刻的道理：優勢互補。小猴與小鹿，儘管都有自己的特長，但如果「單槍匹馬」是摘不到桃子的。然而，一旦他們組成了一個互相協作的團隊後，就出現了截長補短的奇蹟——輕而易舉的摘到了桃子。世界上各種事物都是這樣，從不同的角度看，各有所長，又各有其短，唯有互相取長補短，才會相得益彰。因此，一個人要想獲得成功，一定要注意與其他人的配合、互補和互相取長補短，達到絕對的默契。

有位博士曾經頗有感慨的對朋友說：「在這個競爭的社會裡，什麼人都不能忽視。」的確，在一個大集體裡，想要做好一項工作，占主導地位的往往不是一個人的能力，關鍵是各成員間的團結協作配合。團結大家就是提升自己，因為別人會心甘情願的教會你很多有用的東西。畢竟一個人不可能獨自承擔一個專案，特別是在程序化、標準化極強的行業裡，每個人只能完成一部分的工作，團隊合作在很大程度上關係著公司發展的命脈。無法想像一個只做自己的工作，平時獨來獨往的人能給公司帶來什麼？

二戰時期，美軍司令部是一個由艾森豪（Dwight David Eisenhower）、巴頓（George S. Patton）、布雷德利（Omar Nelson Bradley）等人所組成的優秀團隊，他們性情各異，個性鮮明，但又和諧互補，互相取長補短，從而成為了一支所向披靡的聯合艦隊。

森豪注重大局、運籌帷幄、富有遠見，性格又和藹可親，是一位第一流的協調者，但卻缺乏具體執行的能力。巴頓性情暴躁、雷厲風行、愛出風頭，這種個性非常適合領導作戰和部隊進攻，他是一個戰爭天才，隨時準備去冒險，他以率領坦克軍大膽突進，攻城掠寨而聞名。他生動活潑的個性能夠感染士兵們的戰鬥力。但他卻個性極強，常常只憑自己的意願辦事。如果只是艾森豪與巴頓組合，那麼，局勢就會因為巴頓的強勢個性而失去控制。於是，布雷德利加入到了這個組合之中。布雷德利性格沉著穩重、愛護部下、注重小節，雖然在戰爭中缺少創意，但卻能堅決貫徹上級的命令。當諾曼第登陸最初階段的地面部隊指揮權問題被提出來的時候，馬歇爾（George Catlett Marshall，Jr.）對赫爾將軍說：「巴頓當然是領導這次登陸戰役的最理想人選，但是他過於急躁。需要有一個能夠對他起制約作用的人來限制他的速度，因為熾烈的熱情和旺盛的精力會使他過於追求冒險。他上面總要有一個人管著，這就是我把指揮權交給布雷德利的原因。」

但如果僅僅是布雷德利與艾森豪的組合，那麼，美國軍隊無疑將死氣沉沉、毫無建樹。如果只讓布雷德利與巴頓組合呢？那麼，美軍就將各自為戰，誰也不服誰。然而，艾森豪、巴頓、布雷德利三人組合在一起卻彼此彌補了對方的缺陷，成為一個成功的組合。巴頓使這個組合富有了戰爭創意和生氣；布雷德利使這個組合有了秩序和規則；艾森豪使這個組合具備了長遠的目光。所以，一個成功的人並不是一個沒有缺陷的人，而在於他尋找到了一個沒有缺陷的組合。

人們常說：「沒有完美的個人，只有完美的團隊。」在現代的一些大企業中，企業內部的分工也越來越細，任何人，不管他有多麼優秀，想僅僅靠個人的力量來完成一項工作都是不可能的。能夠吸引老闆注意的也是那些能夠與同事友好協作，以團隊利益至上，在合作中淋漓盡致展現個人能力的人。

團隊合作是成功之本

現代社會的分工日益精細、技術及管理日益複雜，在很多情況下，單靠個人能力已很難完全處理各種錯綜複雜的問題並採取切實高效的行動。所以需要人們組成團體，並要求團體成員之間進一步互相依賴、共同合作，建立合作團隊來解決錯綜複雜的問題，並進行必要的行動協調，開發團隊的應變能力和持續創新的能力，並依靠團隊合作的力量創造奇蹟。

哲學家威廉．詹姆士（William James）曾經說過，「如果你能夠使別人樂意和你合作，不論做任何事情，你都可以無往不勝。」合作是一種能力，更是一種藝術。唯有善於與人合作，才能獲得更大的力量，爭取更大的成功。

有一家跨國大公司對外招聘三名高層管理人員，九名優秀的應聘者經過初試、複試，從上百個人中脫穎而出，進入了由公司董事長親自把關的面試。

董事長看過這九個人的詳細資料和初試、複試成績後，相當滿意，但他又一時不能確定要聘用哪三個人。於是，董事長給他們九個人出了最後的一道題。董事長把這九個人隨機分成甲、乙、丙三組，指定甲組的三個人去調查男性服裝市場，乙組的三個人去調查女性服裝市場，丙組的三個人去調查老年服裝市場。董事長解釋說：「我們錄取的人是用來開發市場的，所以，你們必須對市場有敏銳的觀察力。讓你們調查這些，是想看看大家對一個新行業的適應能力。每個小組的成員務必全力以赴。」臨走的時候，董事長又補充道：「為避免大家盲目地展開調查，我已經叫祕書準備了一份相關的資料，走的時候請自己到祕書那裡去領取。」

兩天後，每個人都把自己的市場分析報告交到了董事長那裡。董事長看完後，站起身來走向丙組的三個人，分別與之一一握手，並祝賀道：「恭喜三位，你們已經被錄取了！」隨後，董事長看著大家疑惑的表情，哈哈一笑說：「請大家找出我叫祕書給你們的資料，互相看看。」

原來，每個人得到的資料都不一樣，甲組的三個人得到的分別是本市男性服裝市場過去、現在和將來的分析，其他兩組的也類似。董事長說：「丙組的人很聰明，互相借用了對方的資料，補齊了自己的分析報告。而甲、乙兩組的人卻分別行事，拋開隊友，自己做自己的，這麼一來所形成的市場分析報告自然不夠全面。其實我出這樣一個題目，主要目的是考察一下大家的團隊合作意識，看看大家是否善於在工作中合作。要知道，團隊合作精神才是現代企業成功的保障！」

由此可見，越來越多的公司老闆把是否具有團隊協作精神作為甄選員工的重要標準。在知識經濟時代，競爭已不再是單獨的個人之間的鬥爭，而是團隊與團隊的競爭，任何困難的克服和挫折的平復，都不能僅憑一個人的勇敢和力量，而必須依靠整個團隊。

工作是一台結構複雜的巨大機器，從事工作的每個人就好比每個零件，只有各個零件凝聚成一股力量，這台機器才能正常啟動。這也是職場中每個員工應該具有的工作精神和職業操守。在工作過程中，與他人和諧相處，密切合作是一個優秀員工所應具備的素養之一。

把團隊的利益放在第一位

「一切以團隊利益為重」是團隊運作的重要標準。

團隊利益高於個人利益的意思就是要先公後私，一切以團隊利益為重。任何一個員

工都不能把個人的利益擺在團隊的利益之上。但在現實生活中，我們經常可以看到這樣一種情況，當企業遇到難題待解決時，總會有這樣一些員工產生動搖，要不是消極怠工，就是急著跳槽。

某間服裝廠因為布料供應商的生產線發生事故，導致布料的供應推遲了二十天。為了在規定時間內完成訂單任務，廠長決定實行三班制，抓緊時間完成產品的供貨。這時有的員工站出來說話了：「我家住的遠，不能上夜班。」「我的孩子小，晚上不能沒有人照顧。」「我不想要加班費，所以不來加班。」由於受到了員工的抵制，廠裡只得實行兩班制，取消了夜班計劃。

最後因為時間緊迫，服裝廠沒有按期交貨，按照合約的約定，服裝廠被扣除了貨款總額百分之二十的違約金。廠方蒙受了很大損失，全廠員工的年終獎金也大打折扣，直到此時，這些員工才覺得後悔極了。

由此可之，員工與企業是一個利益共同體，有著密不可分的聯繫。當你融入一個團體，你就是這個團體的一分子，你的言行代表了團體，也影響著整個團體。如果一位員工缺少團結協作的精神，即使能在短時間內帶來效益，也不可能帶來長遠利益，如果一位員工不能誠實、公正的做一件工作，那麼團隊就會蒙受損害。只有所處團隊有了良好的聲譽，作為個人角色工作的每個成員才會受到禮遇。

把團隊的利益放在第一位

作為團隊中的每一個人，必須要把團隊的利益放在第一位，個人利益放在第二位，必要的時候能夠為了團隊的目標犧牲一點自己的利益，只有這樣的話，這個團隊才有可能成功，而作為這個團隊中的一分子才能從中受益。

日立公司的員工就曾用實際行動詮釋了如何以團隊利益為重。一九七〇年代，世界出現了石油危機，因此引發了全球性的經濟大蕭條，日立公司也不例外。公司首次出現了嚴重虧損，困難重重。為了扭轉這種頹勢，日立公司頒布了一項驚人的人事管理決策。一九七四年下半年，全集團所屬工廠的將近七十萬名員工，暫時離廠回家待命。第二年四月，日立又將所錄用的員工的上班時間推遲了二十天，促使新員工一進公司便產生了危機意識，有了很強的緊迫感。所幸公司的所有員工都十分理解集團的決定，以團體的利益為上，不但沒有怨聲載道，反而更加奮發努力的工作，最後日立得以重新振興。與此同時，這些員工也得到了最大的實惠。

可見，團隊與個人的利益是發展在共同利益的基礎上的，只有服從團隊所做出的正確決策，才能在企業進步的同時，得到最大的個人利益。

在團隊中，我們必須建立起對團隊的歸屬感，高度認同自己是團隊的一員，絕不允許有損害團隊利益的事情發生。只有你極具團隊榮譽感，願意為團隊的利益與目標盡心盡力，才能在工作中取得更大的成績。

總之，只有時時把團隊放在第一位，才能讓自己在對待工時全力以赴，才能讓自己自覺的不找任何藉口，遠離一切有損於團隊和工作的行為，從而在工作的過程中很好的融入到團體之中，最終獲得更好的發展。

透過合作增強你的實力

隨著社會的發展，人與人之間交往日益頻繁，既存在著激烈的競爭，又有著廣泛的聯繫與合作。一個缺乏合作精神的人，不僅在事業上難有建樹，也很難適應時代發展的需要，更難在激烈的競爭中立於不敗之地。

自二十世紀以來，獲得諾貝爾獎金的科學研究成果中，合作的成果成長得很快。研究者們共同合作，共同獲獎。根據數據統計：透過合作獲得諾貝爾獎獎者，一九〇一年至一九二五年只占全部獲獎者的百分之四十一，一九二六年至一九五〇年增為百分之六十五，一九五一年至一九七二年上升到百分之七十九，至一九九八年已經上升到百分之八十四。早在一九五、六〇年代，國際範圍內就出現了不少跨國研究活動，一九五七年七月到一九五八年底的「國際地球物理年」科學計劃，由六十六個國家的學者協作進行。一九六一年美國為期十年的阿波羅登月計劃，有四十二萬人參加，涉及二萬家公司，一百二十所大學。由此可見，在通往成功的道路上，要學會與人合作，才會更容易取得勝利。一個具有合作精神的人，可透過合作來增強自己的實力，這將大大的增加他取得成功的機會。

比爾蓋茲可以說是眾所公認的聰明絕頂的人物，但他所取得的成就同樣也不是由他一個人所創造的。其中，對比爾蓋茲的事業起到了決定性幫助的人物當屬微軟總裁史蒂芬．巴爾默（Steve Anthony Ballmer）。

蓋茲是一個電腦技術的天才，可是他在公司管理方面卻常常顯得手足無措。以至於微軟剛成立的時候，就陷入了重重危機。蓋茲清醒的認識到了這一點，在學校期間，蓋茲就是一個沉默內向的人，他所參加的絕大多數交際活動都是好友巴爾默極力鼓勵他參加的。同樣是哈佛高材生的史蒂芬．巴爾默，知識面廣，反應敏捷，判斷準確且善於把握商機，是一個天生的管理者。更可貴的是巴爾默很早就開始了商業上的實踐。在高中時，巴爾默就擔任了小籃球隊的經理人。當時的教練回憶說，巴爾默是他當時所見過的最好的經理人，球隊需要用的球和毛巾總是放在它們應該放的地方，他從那時起就是團隊精神的典範，因此，整個球隊的狀態一直都非常好。

於是，蓋茲決定去找巴爾默合作。一九八〇年，比爾蓋茲在他的遊艇上以五萬美元的年薪說服了當時就讀於史丹佛大學商學院的巴爾默加入微軟。從此，這兩位性格迥異的好友通力合作譜寫了一部製造財富的神話。

一個人最明智且能獲得成功的捷徑就是善於同別人合作。所以，作為公司的一員，我們要善於與人合作，把自己融入整個團隊中，憑藉整體的力量，將自己所不能完成的工作任務解決好。

第八章　好職位偏愛有頭腦的人

勤於思考是做好工作非常重要的一環。這個世界不缺會做事的人，缺的是有頭腦、會思考的人。工作中，如果我們不能主動進行思考，是很難做好自己的工作的，更無法謀得理想的工作職位。

努力跳出舊框架，心懷創意走職場

現實生活中，人們往往容易被一些習慣性的東西所束縛，而不能發揮出自己最大的潛能，其最根本的原因就是沒有衝破慣性思維，而把自己束縛在一個原有的框架裡。

某小學辦理新生入學手續時，有兩個小男孩同時來報名，他們長得一模一樣，甚至連出生年月日、家庭住址、父母的姓名都完全一樣。年輕的女教師問他們「你們倆是雙胞胎嗎？」「不是。」他們異口同聲的堅決否認。在場的老師都愣住了：怎麼會不是雙胞胎呢？

事實上，他們確實不是雙胞胎，因為他們是三胞胎中的兩個。

絕大多數人在看見兩個酷似的小孩，會馬上想到他們是雙胞胎，原因就在於人們習慣了一種常態的思維。常用的思維模式會讓人逐漸形成一種慣性，總是讓人們自覺不自覺的沿著以往熟悉的方向和路徑進行思考，而不會另辟新徑，這就叫做「慣性思維」。

人一旦形成了慣性思維，就會習慣性的順著固定的思維模式思考問題，不願也不懂得轉個方向、換個角度考慮問題，這是很多人的一種「難治之症」。

現實生活中，我們之所以常常在很簡單的事情上栽跟頭，究其原因不是我們不聰明，而是我們沒有用心去思考、去探究，只喜歡憑自己的經驗去思考、解決問題。或者說這都是經驗主義所形成的思維慣性所惹的禍。所以，一個人要進步，必須學會創新，衝破原有的經驗所形成的思維模式。

在現代企業裡，任何一家企業，任何一個老闆，只有重視創新的，企業才會長久生存，否則必將被社會發展的潮流所掩埋。基於這種情況，同時具有專業技能及富於創新意識和想像力的員工也就變得比任何時代都有價值，成為企業和老闆最迫切需要的員工。

二〇〇一年，美國通用汽車公司高薪聘請業務經理，吸引了許多有能力、有學問的人前來應聘。在眾多應聘者當中，有三個人表現極為突出，一個是博士甲，一個是碩士乙，另一個是剛走出大學校門的畢業生丙。公司最後給這三人出了這樣一道考題：

在很久以前，有一個商人出門送貨，不巧正好趕上下雨天，而且離目的地還有一大段山路要走，商人就去馬廄挑了一匹馬和一頭驢上路。雨天的路特別難走，驢子不堪勞累，就央求馬替牠馱一些貨物，但是馬不願意幫忙，最後驢子終於因為體力不支而死。商人只得將驢背上的貨物移到馬身上，此時，馬有點後悔了。

又走了一段路程，馬實在吃不消背上的重量了，就央求主人替它分擔一些貨物，此時的主人還在生氣：「假如你當初替驢分擔一點，就不會這麼累了，活該！」

過了不久，馬也累死在路上，商人只好自己背著貨物去買主家。

應聘者需要回答的問題是：商人在途中應該怎樣才能順利讓牲口把貨物運往目的地？

博士甲：把驢身上的貨物減輕一些，讓馬來馱，這樣就驢和馬都不會被累死；

碩士乙：應該把驢身上的貨物卸下一部分讓馬來背，再卸下一部分自己來背；

畢業生丙：下雨天路很滑，又是山路，所以根本就不應該用驢和馬，應該選用能吃苦且有力氣的騾子去馱貨物。商人根本就沒有想過這個問題，所以造成了重大損失。

結果，畢業生丙被通用汽車公司聘為業務經理。

博士甲和碩士乙雖然有較高的學歷，但是遇事不能仔細思考，最終也以失敗告終。畢業生丙雖然沒有什麼傲人的文憑，但他遇到問題不拘泥於原有的思維模式，靈活多變，善於用腦筋，因此他成功的獲得了高薪職位。

作為企業發展的智慧泉源，員工有責任要求自己在工作中融入創新元素，從而更出色的完成任務。企業都喜歡具有創新能力的、善於創新的員工。因為只有這樣員工才能創造傲人的成果，才能為企業創造更高的價值。

有思路才能有出路

一個人能走多遠，取決於他能想多遠；一個人能有多大的成就，取決於他有多少四通八達的思路。

現代社會的科學技術迅速發展，資訊革命引起「腦力激盪」，規規矩矩的躲在辦公室的角落裡埋頭苦幹，已經不是獲得成功的有效方法了。這個時代需要的是聰明的頭腦，不斷根據社會需求提出新的思考、新的建議。有好的思路才會有好的出路，思考問題已經成為人們成功的決定性因素。

思路是一個人事業發展的基礎，是人生最重要的資源。當思路清晰後，出路就會豁然開朗。思路若能與時俱進，出路則革故鼎新；思路若能日漸寬廣，出路則更加通暢。

臉書公司如今是美國第一大社交網站，它的創立可以說是網際網路發展史上的一個奇蹟。二〇〇四年二月，還在哈佛大學主修電腦和心理學的大二學生馬克・祖克柏(Mark Elliot Zuckerberg)突發奇想，想要建立一個網站作為哈佛大學學生交流的平台。只用了大概一個星期的時間，祖克柏就建立起了這個名為臉書公司的網站。意想不到的是，網站剛一開通就大為轟動，幾個星期內，哈佛一半以上的大學部學生都登記加入了會員，主動提供他們最私密的個人資料，如姓名、住址、興趣愛好和照片等。學生們利用這個免費平台掌握朋友的最新動態、和朋友聊天、搜尋新的朋友。很快的，該網站就擴展到美國各大大學校園，包括加拿大在內的整個北美地區的年輕人都對這個網站非常有興趣，如今，在世界各國的各個角落同樣風靡。

根據雅虎公司的估計，到二〇二〇年臉書公司的月活躍用戶將會達到二十七點四億，大部分的學生和年輕人都會使用該網站。雅虎預計，到二〇二一年，臉書公司的營收將有望達一千億美元，其中大部分來自廣告。

在短短的六年時間內，祖克柏就把臉書公司打造成了最受人關注的網站，究其原因，就是他找到了事業發展的思路。

思路決定出路，有什麼樣的思路，就會有什麼樣的出路。在工作中，思考是非常重要的。如果一個員工只知道一味的蠻幹，而不懂得用心思考，那麼他的工作無法取得好的成績。所以我們說只有好思路才能創造好結果。

一位心理學家曾經說過：「只會使用錘子的人，總是把一切問題都看成是釘子。」這就是人們常說的慣性思維，思維一旦僵化，你就會陷入認知的泥潭，工作起來也將十分被動。在工作中，遇到問題時，一定要努力思考：在常規之外，是否還存在別的方法?是否還有別的解決問題的途徑?只有懂得變通，才不會被困難的大山壓倒，才能發現更好和更便捷的路徑。

世上沒有不轉彎的路，人的思路也是一樣，它需要面對不同的境況和時代不斷的變換，要是循規守舊就會停滯不前，最後被時代淘汰出局。

成功的喜悅從來都是屬於那些思路常新、不落俗套的人。在工作中，只要我們保持良好的心態和正確的思維模式，讓整個身心都充滿勇氣和智慧，就能最大限度的發揮自己的潛能，高效率的解決擺在面前的各種問題。

好方法勝於態度

我們的工作是透過不同的手段，達到解決問題、實現目標的過程。一種恰當的、有邏輯的工作方法，能起到事半功倍的效果。

一個伐木工人在一家木材廠找到了工作，伐木工人下決心要做好這份工作。第一天，老闆給他一把鋒利的斧頭，並規定了他伐木的範圍。這一天，工人砍了二十棵樹。老闆說：「不錯，就這麼做！」工人深受鼓舞。第二天，他做得更加起勁，但是他只砍了十七棵樹。第三天，他加倍努力，可是只砍了十二棵樹。

工人覺得很慚愧，跑到老闆那裡道歉，說自己也不知道怎麼了，好像力氣變得越來越小。

老闆問他：「你上一次磨斧頭時什麼時候？」

「磨斧頭？」工人詫異的說：「我天天忙著砍樹，哪裡有時間磨斧頭！」

這個工人以為越賣力，工作的成果就越大，這就是思維慣性束縛了他。

在工作中，許多人認為自己付出的辛勤汗水並不比別人少，但成績卻總沒別人好，究其原因，主要是方法與技巧的問題，所以在工作中，我們還要注意做事的技巧。當遇到工作的難題時，絕對不應該像那位伐木工人一樣一味靠蠻力去做，要多動些腦筋，檢視看看自己努力的方向是不是正確。

有一句俄羅斯諺語：「巧幹能捕雄獅，蠻幹難捉蟋蟀。」這句話道出了一個普遍的真理，即做事要講究方法，巧幹勝於蠻幹。巧幹是一種分析判斷、解決問題和發明創造的能力，是敏銳機智、靈活精明的反映，也是充滿活力、隨機應變的智慧。在工作中，巧幹是抓住了事情的關鍵，並找到了有針對性的解決方法。巧幹既可以減少勞動量，又可以達到事半功倍的效果。

埋頭做好老闆所交辦的工作本是無可厚非的，不過想要迅速攀到職業的「頂峰」，這樣是遠遠不夠的。許多人為了在老闆面前表現自己，常常加班工作。這些人錯誤的認為唯有這樣才能得到老闆的賞識。但其實工作效率與工作業績才是最重要的，不能盲目的為忙而忙，也不能為做表面文章而假忙，結果卻沒有做出任何成績。

一九五六年，美國福特汽車公司推出了一款新車。這款汽車式樣、功能都很好，價錢也不貴，但是很奇怪，汽車的銷路卻比公司所預想的情況還要差。

公司的管理層絞盡腦汁也找不到解決的辦法。這時，在福特汽車公司裡，有一位名叫艾科卡的員工，對這款新車產生了濃厚的興趣。艾科卡（Lido Anthony Iacocca）當時是福特汽車公司的一位實習工程師，本來與汽車的銷售毫無關係。但是，當他看到公司老闆因為這款新車滯銷而著急的神情後，他開始思考：我能不能想辦法讓這款汽車暢銷起來？終於有一天，他靈機一動，有了一個好辦法，他快速來到經理辦公室，向經理提出了一個創意，在報上登廣告，內容為：「花五十六元買一輛五六型福特。」

這個創意的核心是，誰想買一輛一九五六年生產的福特汽車，只需先付百分之二十的款項，餘下部分可按每月付五十六美元的辦法逐月付清。

公司經理覺得他這個方法很棒，於是就採用了。事情發展得很好，「花五十六元買一輛五六型福特」的廣告人人皆知。

「花五六元買一輛五六型福特」的做法，不但打消了很多人對車價的顧慮，還給人創造了「每個月才花五十六元，實在是太划算了」的印象。

短短的三個月，該款汽車單單在費城地區的銷售量，就從原來的末位一躍而為全國的冠軍。

而艾科卡也很快得到了老闆的賞識並予以重用，後來，艾科卡不斷的根據公司的發展趨勢，推出了一系列富有創意的舉措，最終脫穎而出，坐上了福特公司總裁的寶座。

在工作中，大多數的人都按部就班的工作時，偏偏有一些人會主動尋找更有效的方法，將問題解決得更好。也正因為他們善於主動的尋找方法，所以他們也常常最容易獲得成功。所以說，一個人只有主動尋求方法去解決工作中遇到的每一個問題，敢於挑戰，並在困難中突圍而出，才能更好的提高工作效率。

用創新來提高你的競爭力

比爾蓋茲為什麼會成為世界首富？原因有很多，其中創新是一條重要的因素！

每年，比爾蓋茲都會跑到華盛頓的胡德運河待上一段時間，在那裡思考微軟的下一步發展。這時候，任何一個微軟的員工都可以向他提交一份關於新產品或新服務的書面建議，而比爾蓋茲許諾他們會看完所有的建議。如果喜歡某個創意，他會馬上回到公司位於雷德蒙德的總部，圍繞著這個創意進行研發。正是這樣的習慣，保證了微軟始終處於全球軟體產業的創新前端。

在市場經濟競爭日益激勵的現代社會，任何一個企業都不能故步自封，而是一個充滿競爭的世界。而這種競爭，主要還是創新的競爭。現在很多企業都引入了競爭機制，目的就是為了提高企業的效益。有些企業效益低，幾乎快要倒閉，就是因為缺乏創新。這時候，員工就更需要多動腦筋，多創新的為企業出謀劃策，如果你的方案能夠得到老闆的認可，自然為自己的未來種下了一個成功的種子。

美國人奧斯本是個具有很強的創造天分的人。一九三八年，二十五歲的奧斯本失業了，只讀到高中的奧斯本想當個記者。可是，轉念一想，自己沒有受過這方面的教育，怎麼能行呢？

奧斯本是一名個性好強的人，他還是去應聘了。

報刊主編問他：「在辦報方面你有什麼經驗？」

奧斯本作了實事求是的自我介紹後說道「不過，我寫了篇文章。」

主編接過來讀後，搖搖頭說：「年輕人，你的文章不怎麼樣，甚至還有不少語法、邏輯與修辭上的毛病……」

聽到這裡，奧斯本的頭「轟」的響起來，但是，他還是虛心的聽下去了。

主編又說：「可是，有獨到的東西，是的，有獨到的見解。這很可貴！這個獨到的東西是創意，也是我們所需要的。單憑這一點，我願意試用你三個月。」

主編握住了奧斯本的手，臨走前還叮囑：「好好做吧，年輕人！」

欣喜若狂的奧斯本反覆體會主編對他說的話，原來創造性有那麼重要。他又反覆閱讀自己的文章，像嚴厲的法醫那樣解剖自己：知識不夠，卻充滿深思遐想，這人概就是創造性吧？

他模模糊糊的意識到人的價值在於創造，他決心要做一個有創造性的人。他還規定自己：從到報社上班之日開始，就天天提一條創造性的建議。

他花了整整一個週日來研究主編給他的一大疊報紙，又買回其他各種報刊進行比較，於是，眾多的構想產生了。

星期一是他第一天上班的日子，剛到報社，他便迫不及待的衝進主編的辦公室大聲的說：「主編先生，我有一個想法。」

主編瞪大眼睛看著面前的奧斯本，聽他一口氣說完「想法」後被驚呆了。

原來奧斯本說：「看起來，廣告是報紙的生命線，雖然我們無法與各大報紙競爭大廣告；還有很多小工廠、小商店做不起大廣告，但他們又急於把自己的產品或商品告訴更多的人，我們何不特別規劃出廣告版面，收費低廉以滿足這一層工商業者的需要？」

這就是被現在的報紙廣泛採用的一條一條的分類廣告。當主編弄清奧斯本的「想法」後，興奮的說：「好啊！太好了！真是個了不起的想法！」

奧斯本堅持發揮自己「深思遐想」的長處，堅持每天提一條創造性的建議，僅僅兩年，就使得這份小報發展壯大起來，他本人也由於獲得眾多專利，成為擁有巨額股份的副董事長。

作為一名員工，你有沒有創新的能力，你能不能透過創新給老闆創造效益。這在很大程度上決定了你在公司的職位和你受尊敬的程度。當你在任何時候都能創新時，就會為公司、為自己創造意想不到的價值。

創新不是某些專業人士的專利，它是人人都可以做到的，它不會因為你的學歷低就鄙視你，也不會因為你的社會經驗少而不垂青你。你只要在工作中時常注意從不同角度、不同方式去考慮和操作，在完善專業技能的同時你也在有所創新了。

方法總比問題多

任何問題都有解決的方法，方法和問題是一對孿生兄弟，世上沒有解決不了的問題，只有不會解決問題的人。對於職場人士來說，當遇到問題和困難時，能否主動去找方法解決，而不是找藉口迴避責任，這一點，對於他在職場中能否成功和發展具有決定性作用。

在工作中，我們常常會遇到這樣或那樣的難題和困難，有的很容易解決，有的卻看起來很難。面對這樣的情況，有的人會知難而退，而有的人卻會積極的尋找解決的方法，而且往往結果不會讓他們失望。因為後一種人始終相信：「方法總比問題多。」

任何問題都有解決的方法，關鍵的是我們對待問題的態度。當遇到問題時，平庸者不是主動去找方法解決，而是找藉口迴避問題，而優秀者則是把問題當做機遇，積極的尋找解決問題的方法，將問題變為成功的機會。

我們知道，奧運舉辦權的爭奪現在非常激烈，因為現在的奧運已經不單單是體育界的盛會，更上升到了國家形象的宣傳以及蘊含著巨大商機經濟盛會。但是很多人可能並不知道，在一九八四年以前，奧運可是個賠本的買賣，敢於申辦奧運的國家沒有幾個。例如，一九七六年，加拿大蒙特婁奧運就虧損了十億美元；一九八〇年，莫斯科奧運總支出高達九十億美元，負債幾乎是個天文數字，讓國家背上了沉重的債務包袱。

一九八四年的美國洛杉磯奧運成為了一個轉捩點，這一切歸功於一個叫彼得．尤伯羅斯（Peter Victor Ueberroth）的商人。他首創了奧運商業運作的「私營模式」，在沒有政府任何資助的情況下，他創造了一個奇蹟，為美國帶來了二點二五億美元的盈利，把奧運變成了人見人愛的搖錢樹。

其實，尤伯羅斯一開始並不願意接受這項任務，在一家體育經紀公司的再三相邀下，他最終才答應。在尤伯羅斯上任之初，甚至沒有人願意租辦公室給奧委會，因為擔心他們付不起房租，他不得不自掏腰包一百美元為奧委會開了個帳戶。當時奧委會可謂是困難重重，因為洛杉磯市政府禁止動用公共基金，加利福尼亞州又不准發行彩卷，而兩者都是奧運籌款的傳統模式。

為了能把這次的奧運辦好，尤伯羅斯必須改變傳統的舉辦模式。精於算計的尤伯羅斯將整個奧運活動與企業和社會的關係做了通盤的考慮，終於想出了很多點子讓奧運賺錢。其中最令人拍手叫絕也是對後世影響最大的舉措就是將奧運的實況電視轉播權進行拍賣，這可是從來沒有過的。

尤伯羅斯非常清楚，想要獲得較高的贊助金額，就必須要讓贊助商覺得物有所值。而物以稀為貴，只有製造短缺、創造企業之間的競爭，才能體現奧運贊助商的價值。所以，尤伯羅斯限定贊助商個數並規定每個行業只允許有一家贊助商。另外，他還設定了進入門檻：四百萬美元。

尤伯羅斯最初希望美國的公司贊助奧運並透過奧運來擴大企業影響力。於是，他找到了柯達公司，希望柯達能成為膠卷產業的獨家贊助商。但當時已占有美國百分之九十以上市場占有率的柯達覺得花四百萬美元不可能帶來多少新的市占率，它最多願意出一百萬美元，談判因此而失敗。

這時，日本的富士膠卷聽到此消息欣喜若狂，因為當時富士在美國的市占率只有百分之三，它正在為開啟美國市場而發愁呢。富士公司主動聯繫了尤伯羅斯，不僅爽快的付了四百萬美元贊助費，還贈送了價值三百萬美元的膠卷。透過贊助洛杉磯奧運，富士膠卷獲得了與世界知名品牌可口可樂等大品牌站在一起的機會，在較短的時間內把在美國的市場占有率提高到了百分之六。

尤伯羅斯還把奧運火炬的長跑接力權進行了拍賣。以往的奧運萬里長跑接力，都是由有名的人士擔任，但尤伯羅斯一改這種做法，表示任何美國公民都可以參與火炬接力，條件只有兩個：一是身體健康能跑完一英里，二是需要交納三千美元的費用。這一舉措也為奧運帶來了數千萬美元的收益。

洛杉磯奧運給尤伯羅斯帶來了空前的聲譽。回首這次的成功，他感到非常自豪：有想法就有突破點。假如他一開始就知難而退，也就不可能創造出這樣輝煌的成就。每個人在工作中都會遇到相似的情況，不要只注意到眼前的困難，去尋找解決問題的方法才是你最需要去做的。

俗話說：「流水不腐，戶樞不蠹。」人的思維也需要不斷的去鍛鍊，當你遇到問題時，越是去尋找方法，便越能找到方法。這就像你的身體一樣，越鍛鍊身體越強壯，即便自己的本身身體狀態不好，也能透過鍛鍊而得到質的提高。所以，當你遇到問題時，應坦然面對，勤於思考，積極轉換思路，尋求問題的解決方法，最終你會發現：問題再難，總有解決的方法，方法總比問題多。

靈活解決工作中的難題

生活中，有很多人總是在努力的工作，但他們卻往往與成功無緣，其主要原因就是不懂得靈活多變，變通的思考問題。

有一位旅客，晚上住在火車站附近的旅館裡。一早醒來，發現睡得太遲了，趕快整理行李，趕搭火車。可是當他在一樓大廳歸還房間鑰匙時，突然想起：吹風機、刮鬍刀和手錶，可能都還放在房間浴室內忘了拿！

於是，他立刻告訴男服務生：「快，你幫我跑到樓上的五〇八號房間，看看我的吹風機、刮鬍刀和手錶，是不是都還放在浴室裡？快點，火車時間只剩下五分鐘了！」

男服務生一聽，來不及等電梯了，馬上快跑樓梯衝上五樓。過了三分鐘後，男服務生氣喘吁吁的空手跑下樓，上氣不接下氣的說：「先生，你說對了，吹風機、刮鬍刀和手錶，都還放在浴室裡，沒錯！」

日常生活中，像這位男服務一樣的人有很多，遇事不知變通，缺少「應變力」和「判斷力」，只是一味的一個命令、一個動作，叫人看了哭笑不得。因此，我們在工作中不能「一根筋」，而要靈活多變，唯有如此，才能很好的處理問題。

一九六七年以埃六日戰爭爆發後，一位商船主打電話給英國的石油公司總部，詢問公司是否租用他的商船，接電話的是英國石油公司總部董事長彼得．沃爾特斯（Sir Peter Walters）。然而當時他不過是一位副總裁，按照慣例，沃爾特斯無權給對方答覆。但是這位商船主只給他一個小時的時間考慮，若在一個小時內得不到肯定答覆，他將出租全部的商船。

於是，沃爾特斯當機立斷，給了對方明確的答覆，因為當時他找不到一位更高一級的決策人。埃及與以色列開戰後，油船價格漲了數倍，就在沃爾特斯果斷處理了這個電話的兩天後，油船價格又上漲了一倍，這意味著沃爾特斯為公司節省了一筆巨額開支。

工作中，沒有一成不變的工作任務，處理不同的情況，需要我們因時因地制宜，做出不同的決策。只有學會靈活的變通，才能找到處理問題的最佳辦法。

無論我們遇到什麼困難都應該學會變通，因為，客觀情況在不斷的變化，我們必須隨著客觀情況的變化而變化。正如諸葛亮所說：「善將者，因天之時，就地之勢，依人之利，則所向無敵。」只有這樣，我們才可以克服困難走向成功。

李曄是一家公司的業務員。公司的產品不錯，銷路也不錯，但產品銷出去後，總是無法及時收到款。如何討帳便成了公司最大的問題。

有一位客戶，買了公司十萬元產品，但總是以各種理由遲遲不肯付款，公司派了幾批人去討帳，都沒能拿到貨款。當時李曄剛到公司上班不久，就和另外一位員工一起被派去討帳。他們軟硬兼施的想盡了辦法。最後，客戶終於同意給錢，叫他們過兩天來拿。

兩天後，他們趕去，對方給了一張十萬元的現金支票。

他們高高興興的拿著支票到銀行取款，結果卻被告知，帳上只有九萬九千八百二十元。很明顯，對方又耍了個花招，對方給的是一張無法兌現的支票。但第二天公司就要放假了，如果不及時拿到錢，不知道又要拖延多久。

遇到這種情況，一般人可能就一籌莫展了。但是李曄突然靈機一動，於是拿出二百元，讓同行的同事存到客戶公司的帳戶裡去。這樣一來，帳戶裡就有了十萬元。他立即將支票兌了現。

當他帶著這十萬元回到公司時，董事長對他大力讚賞。之後，他在公司不斷的發展，五年之後當上了公司的副總經理，後來又當上了總經理。

李曄能有今天的發展，與他的變通能力密切相關。這個世界上沒有什麼是一成不變的。尋找巧妙的方法將困難化解於無形，是每一個善於變通者的通用法則。在工作中，我們只有透過變通才可以取得非凡的業績，實現個人的價值，同時，也會給企業帶來經濟效益，實現個人與企業之間的雙贏。

第九章　好職位偏愛有責任心的人

在工作中，每一名員工都必須具備高度的責任感，因為，責任是一個人的立身之本，更是落實工作最基本的保證。對於一名員工而言，只有具備高度責任感、懷有強烈的責任心，才能確保工作正常落實，進而推動事業的發展。

工作就是責任

責任，從工作的意義上來說，是一種自然而然、毋庸置疑的使命，它伴隨著每一個生命的始終。在這個世界上，沒有不需要承擔責任的工作。工作就意味著責任，丟掉了責任，也就意味著丟掉了工作。

一位零售業經理在一家超市視察時，看到自己的一名員工對前來購物的顧客極其冷淡，偶爾還會發脾氣，令顧客極為不滿，而他自己卻滿不在乎。

這位經理問清緣由之後，對這位員工說：「你的責任就是為顧客服務，令顧客滿意，並讓顧客下次還樂意到我們這裡來，但是你的所作所為卻是在趕走我們的顧客。你這樣做，不僅沒有擔當起自己的責任，而且正在使公司的利益受到損害。你懈怠自己的責任，也就等於失去了企業對你的信任。一個不把自己當成自己企業一分子的人，也不能讓企業把他當成自己的人，你被開除了。」

無論你從事的是怎樣的職業，都應該盡職盡責的把自己的本職工作做好，只要你還屬於企業的一員，你就有責任在任何時候維護企業的利益和形象。沒有責任感的員工是不能成為一名好員工的，同樣的，也不會是企業所需要的員工。

李敏寧是個退伍軍人，幾年前透過朋友介紹來到一家工廠做倉庫管理員，雖然工作不繁重，無非就是按時關燈，關好門窗，注意防火防盜等，但李敏寧卻做得超乎常人的認真，他不僅每天做好進出工作人員的提貨日誌，將貨物有條不紊的擺放整齊，而且還從不間斷的對倉庫的各個角落進行打掃清理。

三年下來，倉庫沒有發生過一起失火竊盜案件，其他工作人員每次提貨也都會在最短的時間裡找到所提的貨物。在工廠建廠二十周年的慶功會上，廠長按老員工的級別，親自為李敏寧頒發了兩萬元獎金。好多老員工不理解，李敏寧才來到廠裡三年，憑什麼能夠拿到這個老員工的獎項？

廠長看出大家的不滿，於是說道：「你們知道我這三年中檢查過幾次我們廠的倉庫嗎？一次也沒有！這不是說我沒盡到工作責任，其實我一直很瞭解廠裡的倉庫管理情況。作為一名普通的倉庫管理員，李敏寧能夠做到三年如一日的不出差錯，而且積極配合其他部門人員的工作，對自己的職位忠於職守，比起一些老職工來說，李敏寧真正做到了愛廠如家，我覺得這個獎勵他當之無愧！」

由此可見，只要你能時刻把職責視為一種使命，時刻在工作中盡心盡責，你就能在工作中忘記辛勞，得到歡愉與榮譽。

眾所周知的紅海海域的「薩拉姆九八」號沉船事件，似乎成了埃及人心中永遠抹不去的痛。然而，在痛心之餘，我們不得不反思，造成這次災難的原因竟是船長的不負責任。

二〇〇六年，紅海「薩拉姆九八」號船艙起火，這位船長竟然決定讓渡輪繼續向前航行。但在危險來臨的時候，他卻第一個逃上救生艇。

即使世界各國海商法有關船長義務的具體規定不完全相同，可基本內容是一致的，主要包括：

一、救助人命。船長接到呼救訊號或者發現海上有人遭遇生命危險的時候，只要對船舶、船員和旅客沒有嚴重危險，就應盡力救助遇難人員。船長違反該義務將負法律責任。

二、保障船上人員的人身和財產安全。船長必須採取一切合理措施，保證航行安全，維持船上秩序，防止對船舶、船上貨物或人員的任何損害。該義務與船長的指揮命令權是相對應的。

三、完成並送交海事報告的義務。船舶發生海損事故時船長應採取一切可能的措施，並完成海損事故報告書，說明事故詳細經過，報送發生事故後最初到達港的有關航政主管機關。

四、最後離船。船長在決定棄船時，必須採取一切措施，首先讓旅客安全離船，然後允許船員離船，船長本人應當最後離船，並應設法搶救輪機日誌、航海日誌、無線電日誌，以及該航次的文件、航海圖和貴重物品等。

根據以上規定，不難看出「薩拉姆九八」號的船長無疑是怠忽職守，沒有任何的責任感可言。也正是因為他的怠忽職守造成了如此巨大的悲劇。

可見，當一個人忘記了自己的責任，使制度得不到有效落實的時候，將會產生多麼可怕的後果！這個事例也告誡我們每一名員工，不論什麼時候、在什麼地方、發生了什麼事情，都不要忘記自己的責任。

社會學家戴維斯（Kingsley Davis）說道：「放棄了對社會的責任，就意味著放棄了自身在這個社會中更好生存的機會。」同樣的，如果一個員工放棄了對公司的責任，也就放棄了在公司中獲得更好發展的機會。在這個世界上，每個人都扮演了不同的角色，每一種角色又都承擔了不同的責任，從某種程度上說，對角色的扮演就是對責任的完成。堅守責任就是堅守我們自己最根本的人生義務。作為公司的一名員工，在公司裡面也扮演了一個角色，理所當然的要去承擔責任。

公司是由每一個人所組成的，大家有共同的目標和共同的利益，因此，公司裡的每一個人都背負著企業生死存亡、興衰成敗的責任。這種責任是不可推卸的，無論你的職位是高還是低。意識不到這一點，就是失職。所以說，工作和責任是密不可分的，只有那些能夠勇於承擔責任的人，才有機會被賦予更多的使命，才有資格獲得更多的榮譽。

盡職盡責，盡善盡美

盡職盡責是一個優秀員工必備的職業素養，能處處以盡職盡責的態度工作的員工，即使從事最平凡的工作也能讓自己成為一名不平凡的員工。作為現代企業的員工，要創造出優異的業績，就必須盡職盡責的對待自己的工作，只有這樣才能使自己的個人價值在工作中得到充分的體現。

一份英國報紙刊登的一則招聘教師的廣告是這樣寫的：「工作很輕鬆，但要全心全意，盡職盡責。」事實上，不僅教師如此，對待所有的工作都應該全心全意、盡職盡責。

如果你想讓自己成為公司所不可或缺的員工，就必須在工作中做到盡職盡責，只有認真對待自己的工作，為公司帶來更大的利潤，才能成為不被公司淘汰的一員。

公司要裁員了，王琳妍和李丹楓都不幸的上了被解僱名單，被通知一個月後走人。

王琳妍回家後痛苦了一夜。第二天，她仍然十分氣憤，逢人就大吐冤情：「我平時在公司做事那麼認真，怎麼那麼多人不裁，偏偏就把我給解僱了呢？」剛開始，同事們出於同情都安慰她幾句，可王琳妍越說越生氣，最後竟然含沙射影起來，好像自己是被別人陷害了一般，見誰都瞪著眼睛。時間一長，同事們一見到她便紛紛躲避。

不能向老闆發脾氣，王琳妍便把氣都發洩在工作上，「反正我快要離開了，現在做好做壞一個樣。」於是，她列印的文件錯誤百出，整理的資料殘缺不齊。

李丹楓第二天上班時眼睛也是紅紅的。但一進公司，她便平息了自己的怨氣，逢人就作誠懇的道別：「再過些日子我就走了，以後不能再與你們共事，請多保重。」於是，大家對她也更加同情，平時關係一般的人現在跟她也變得非常親近。

工作上，李丹楓和以前同樣認真負責。「反正是要走的，抱怨也沒有用，不如先做好這一個月，免得以後想做都沒有機會了。」於是，李丹楓經手的文件一個錯字都沒有，老闆要求的資料也整理得完整有序，她還主動幫助一些任務較多的同事，「做一天就認真一天」，李丹楓想。

一個月後，王琳妍如期離開了公司，而李丹楓卻又被留了下來。老闆當眾宣布：「像李丹楓這樣的員工，正是公司所需要的。」李丹楓被公司留下的原因就是因為她對工作盡職盡責，一絲不苟，有始有終。

由此可見，只有那些盡職盡責工作的人，才能被賦予更多的使命，才能更容易的走向成功。盡職盡責是對工作職責的勇敢擔當；是對工作環境的積極適應；也是對自己所負使命的忠誠和信守。微軟總裁比爾蓋茲在被問及他心目中的最佳員工是什麼樣子時，他說：「一個優秀的員工應該對自己的工作盡心盡力，當他對客戶介紹本公司的產品時，應該有一種傳教士布道般的狂熱！只有把自己的本職工作當成一項事業去做的員工，才可能有這種宗教般的激情，而這種激情正是驅使他盡心盡力的工作的最重要因素。」

無論做什麼事都需要盡職盡責，它對你日後事業上的成敗都起著決定性作用。盡職盡責為我們能更好的工作提供機會。在工作中，我們還應該時刻記住：工作是我們生命的重要部分，應該是充滿激情的。既然你選擇了你的工作，選擇了你的職業，你就要有意識的將它做好，將它做得出類拔萃。這不僅給公司、個人帶來利益，還使你的自我價值得到了體現。

唐俊佑是某廣告公司的策劃人員。他自認為個人的專業能力很強，於是對待工作很隨意。有一天，老闆讓他為一家知名企業做一個廣告策劃方案。一週之後，他把這個方案交給了老闆。

誰知，老闆看都沒看就說：「這是你所能做的最好的方案嗎？」唐俊佑沒說什麼只好拿回去修改。等他再次交上時，老闆還是那句話——「這是你所能做的最好的方案嗎？」。這樣反覆了四、五次，最後一次，當他又把方案交給老闆時，老闆再次問道：「這是你所能做的最好的方案嗎？」唐俊佑信心百倍的說：「是的，我認為這是最好的方案。」老闆微笑著說：「好！這個方案批准通過。」

透過這件事之後，唐俊佑明白了這樣一個道理：只有盡職盡責的工作，才能把工作做到最好。從這以後，他經常以「這是你能做的最好的方案嗎？」這句話問自己，並盡職盡責的做好每一份工作。不久，唐俊佑就成為公司不可缺少的一員。

由此可見，只要你能認真的勇敢的擔負起工作責任，你所做的就是有價值的，你就會贏得老闆的賞識。不管你從事哪種職業，都應該盡心盡力，盡職盡責，發揮自己的最大潛力，以求得不斷的進步。這不僅是工作的原則，也是做人的準則。

時刻保持責任感

在工作中，每一名員工都必須具備高度的責任感，因為，責任感是一個人的立身之本，更是落實工作最基本的保證。

一家跨國公司準備招聘一名管理人員，待遇非常優厚。因此，來面試的人很多，而且許多人看上去都精明幹練。

因為面試題很簡單，而且只有一道題，就是談談你對責任的理解。面試的人一個個進去又一個個出來，大家看起來都是胸有成竹。但也有些人覺得很奇怪：公司怎麼會用這樣簡單的一道題來徵才？

結果出來後，出乎所有人的意料：一個人都沒有被錄取。難道這家大公司存心不想徵人？

「其實，我們也很遺憾，我們非常欣賞各位的才華，你們對問題的分析普遍也很到位，這令我們很滿意。但是，我們這次考大家的其實還有一道題，可令人遺憾的是，另外的一道你們都沒有回答。」面試官解釋說。

大家面面相覷：「還有一道題？」

「是的，這道題就是躺在門邊容易絆倒人的那個掃帚。在進來的所有人當中，沒有一個人把它扶起來。這說明，你們雖然對責任的理解都很深刻，但卻還遠不能盡職盡責的做一件小事，後者才更能顯現出你的責任感。因為公司的每一件事，員工都應該當成自己的事。」面試官最後說。

面對你的職業、你的工作職位，請時刻記住，這就是你的工作，不要忘記你的責任。

一個人的能力有大小之分，見識有高低之分，但責任心卻是平等的。有責任感才會嚴格要求自己，我們要用高標準磨練自己，用高標準反省自己，追求工作的精確性和完美性。對責任內的工作，我們要做到有責任不推卸，有困難不畏縮，有麻煩不迴避；對上司交辦的事不說「不」，對日常工作不說「與我無關」，自動自發的維護公司的整體形象。

一九七〇年代中期，日本的索尼彩色電視在日本國內已經是小有名氣了，但是在美國它卻不被顧客所接受，因而索尼在美國市場的銷售相當慘澹。

為了改變這種局面，索尼派出了一位又一位負責人前往美國芝加哥。那時候，日本在國際上的地位還遠不如今天這麼高，其商品的競爭力較弱，在美國人看來，日本貨就是劣等貨的代名詞。所以，被派出去的負責人，一個又一個空手而回。並紛紛找出一大堆藉口為自己的美國之行辯解。

索尼公司沒有放棄美國市場。後來，卯木肇擔任了索尼的海外部部長。上任後不久，他被派往芝加哥。當卯木肇風塵僕僕的來到芝加哥時，令他吃驚不已的情況是，索尼彩色電視竟然然在當地的寄賣商店裡無人問津導致蒙上一層厚灰。卯木肇百思不得其解：為什麼在日本國內暢銷不已的優質產品，一進入美國竟會落得如此下場？

經過一番調查，卯木肇知道了其中的原因。原來，以前的海外負責人不僅沒有努力，還糟蹋著公司的形象，他們曾多次在當地的媒體上發布折價銷售索尼彩色電視的廣告，使得索尼在當地消費者心中形成了「低劣」、「次等品」的糟糕印象，銷量當然會受到嚴重的打擊。

面對這種時候情況，似乎卯木肇也可以回國了，並帶回新的藉口：前任們把市場給破壞了。這不是我的責任！

但是，卯木肇沒有那麼做，他首先想到的是如何挽救局面，如何才能改變既成的印象，改變銷售的現狀。經過幾天苦苦的思索，卯木肇受「領頭羊」效應的啟發，決定找到一家實力雄厚的電器經銷商以作為突破口，徹底打破索尼電器的被動銷售局面。

馬歇爾公司是芝加哥市場上最大的一家電器零售商，卯木肇最先想到了它，為了盡快見到馬歇爾公司的總經理，卯木肇第二天一早便登門求見，但他遞進去的名片卻很快被退了回來，理由是經理不在。第三天，他特意選了一個經理比較空閒的時間去求見，但回答卻是「外出了」。在吃了三次閉門羹後，經理終於被他的耐心所打動而接見了他，但卻拒絕銷售索尼的產品。經理認為索尼的產品總是降價拍賣，樹立的形象太差。卯木肇非常恭敬的聽著經理的意見，並一再的表示要立即著手改變商品的形象。

回去後，卯木肇立即從寄賣店裡取回全部貨品，取消折價銷售。在當地報紙上重新刊登大面積的廣告，重塑索尼形象。做完了這一切，卯木肇再次扣響了馬歇爾公司經理辦公室的大門。不過，這次聽到的卻是索尼的售後服務太差，無法銷售。卯木肇立即成立索尼特約維修部，全面負責產品的售後服務工作，並且重新刊登了附上特約維修部的電話和地址的廣告，強調二十四小時為顧客服務。

儘管屢次遭到拒絕，卯木肇還是「執著」不改。他規定每個員工每天必須撥五次電話，向馬歇爾公司詢問訂購索尼彩色電視的事情。馬歇爾公司被接二連三的求購電話搞得暈頭轉向，以致員工誤將索尼彩色電視列入「待交貨清單」。這令經理大為惱火，這一次他主動召見了卯木肇，他一見面就大罵卯木肇擾亂了公司的正常工作秩序。卯木肇笑顏逐開，等經理發完火之後，他才曉之以利、動之以情的對經理說：「我幾次來見您，一方面是為了本公司的利益。同時也是為了貴公司的利益。在日本國內最暢銷的索尼彩色電視，一定會成為馬歇爾公司的搖錢樹！」在卯木肇的好言勸說下，經理終於同意試銷兩台。不過條件是：如果一週之內賣不出去，立刻撤走。

為了開個好頭，卯木肇親自挑選了兩名得力幹將，把百萬美金訂單的重任交給了他們，並要求他們破釜沉舟，如果一週之內這兩台彩色電視賣不出去，就不用再返回公司了……

兩人果然不負眾望。當天下午四點鐘，就傳來了售罄的好消息。至此，索尼彩色電視終於擠進了芝加哥的「領頭羊」商店。隨後，進入家電的銷售旺季，短短一個月之內，竟然賣出七百多台，索尼和馬歇爾公司從中獲得了雙贏。

有了馬歇爾這只「領頭羊」開路，芝加哥的一百多家代理商店都對索尼彩色電視趨之若鶩。不出三年，索尼彩色電視在芝加哥家電市場的占有率達到了百分之三十。

由此可見，只有具備高度責任感、懷有強烈的責任心，才能確保工作的正常落實，進而推動事業的發展。

責任感就是對自己所負使命的忠誠和信守，責任感就是對自己工作出色的完成，責任感就是忘我的堅守，責任感就是人性的昇華。如果一個人希望自己能一直有傑出的表現，就必須在心中種下責任的種子，讓責任成為鞭策、激勵、監督自己的力量，時刻保持著責任感。

對公司負責就是對自己負責

工作中，只有每一個員工都對公司負責，公司的形象得到提升，那麼公司的生存與發展才能得到保證。公司的生存與我們每一個員工的切身利益息息相關，只有公司的到發展後員工才能得益，所以對公司負責就是對自己負責。

美國證券界的風雲人物蘇珊博士自幼喜歡音樂，但卻進入經濟管理領域工作，在被人問道為什麼她能在自己不喜歡的領域取得這樣的成就時，她說道：「不管喜歡不喜歡，都是需要面對的，那是對工作負責，也是對自己負責。」這是多麼可貴的負責呀！只有對公司、對工作有了責任心，才能讓自己全身心的投入到工作中，這不僅是公司的要求，更是員工自我發展的內在需求。

孫敬年在大學畢業之後，來到一家工廠擔任技術員。經過幾年的實務鍛鍊，在老同事們的幫助下取得了一定的成績，並且被提拔為產線副主任，負責工廠的生產技術工作。一帆風順的孫敬年漸漸的滋生出一種自以為是的心態，總覺得自己了不起，看不起他人，也不尊重別人的意見。

有一次，工廠的生產線發生了一些問題，產品品質也受到了非常嚴重的影響。孫敬年到產線看過之後，便立即斷言是某一道工序中化學原料的配比不合適，認為在改用新的一家企業所提供的原料後，原有的配比必須做出改變。根據他的意見，工人們做了調整，但情況仍不見好轉。此時，另一位技術人員提出了不同的見解，認為問題的癥結並不是新的原料或原料配比不合適，而在於設備本身的問題。對此，孫敬年雖然內心覺得技術員的看法非常合理，但是，他覺得自己是負責全工廠技術與工藝的上司，如今自己的判斷出現了失誤，反而不如一位普通技術員，假如隨便的承認或接受，豈不是太沒有面子了。

為了顧全面子，孫敬年一方面繼續堅持自己的看法，另一方面也布置了專人對設備進行必要的維修和調整。但是由於貽誤了時機，決策失誤的問題最終還是曝光了，因為給公司造成了巨大的損失。孫敬年也在羞愧之中提出辭職。

本來，如果孫敬年能聽從那個普通技術員的意見，勇於面對自己的失誤，承擔自己該承擔的責任的話，那麼周圍的同事不僅不會看不起他，反而會覺得他能勇於改正自己的缺點和錯誤，是一位有膽識且值得尊敬的上司。但是，他卻偏偏害怕沒面子，試圖維護自己在人們心中的權威和形象，因此完全沒考慮到公司利益。

不論是不是你的工作職責，只要關係到公司的利益，就應該毫不猶豫的加以維護，主動承擔。對於一個想獲得晉升的員工，公司的任何一件事都是他的責任。

一個負責過磅稱重的小職員，由於懷疑計量工具的準確性，便自己動手修正了它。結果由於精確度提高了，公司得以在這個方面減少了許多損失。其實修理計量工具並不是這個小職員的職責，他完全可以睜一隻眼閉一隻眼，因為這本屬於機械維修師的責任，而且無論這個秤準不準都不會對他的薪水造成影響。但是這位小職員並沒有因此就不聞不問、聽之任之，而是本著為公司負責的態度，他積極的糾正了這一偏差。正是由於這個小職員的這種責任心，為公司節省了巨大的費用，他也因此獲得了職位的晉升。

由此可見，對公司負責就是對自己負責。意識到這一點，努力在工作中做到這一點，以它為動力去戰勝困難、去完成任務，那麼你就是具備能謀得好的職位的能力。

總之，一個沒有責任感的員工不會得到職位的晉升的。每個老闆都很清楚自己最需要什麼樣的員工，哪怕你是一名做著最不起眼工作的普通員工，只要你擔當起了你的責任，你就是老闆最需要的員工。只有那些承擔責任的人，才有可能被賦予更多的使命，才有資格獲得更好的職位。

責任勝於能力

在一堂企業人力資源培訓課上，講師問了學員們這樣一個問題：

一間公司有四種人，如果是你，你覺得哪一種人對公司的危害最大？你覺得公司首先會開除哪一種人？

第一種：有能力，並努力做事的；

第二種：有能力，卻不好好做事的；

第三種：沒能力，會認真做事的；

第四種：沒能力，也不好好做事的；

學員們聽完這道題後，先是有一些觸動和感慨，接著便是互相的竊竊私語。這時，講師緩緩道來，我們可以肯定的是：第一種人，永遠是受到歡迎的，第三種人，公司也會用它。唯一有爭議的就是第二種人和第四種人的選擇。但你們也許會感到意外的是一間公司肯定會率先開除第二種人。原因是第四種人雖然不受歡迎，公司也不喜歡那樣的員工，但是他們還不至於會興風作浪而危害到公司。而第二種人很聰明，能做好卻不做，這比不會做而不做的人更加可惡，因為他們缺少責任心。工作中，他們對公司的危害遠遠大於第四種人。這道題目正好解釋了「責任大於能力」這句話。

一個人的工作做的好與壞，最關鍵的一點就在於有沒有責任感，是否認真履行了自己的責任。如果一個人沒有責任感，即使他有再大的能力也是空談；而當一個人有了責任感，他就有了激情、有了忠誠、有了奉獻、有了執行力……他的能力就會發光，他就能在工作中激發自己最大的潛能。

在職場中，關係到你的成敗的往往不是能力，而是你對於工作的態度，也就是這裡所強調的責任感。

一家公司的人力資源部主管正在進行面試。除了專業知識方面的問題之外，還有一道在很多應聘者看來似乎連小孩子都能回答的問題。不過正是這個問題將很多人拒之於公司的大門之外。題目是這樣的：

在你面前有兩種選擇，第一種選擇是，挑兩桶水上山給山上的樹澆水，你有這個能力完成，但會很費力氣。還有一種選擇是，挑擔一桶水上山，你會輕鬆自如，而且你還會有時間回家睡一覺。你會選擇哪一個？

很多人都選擇了第二種。

當人力資源部主管問道：「挑一桶水上山，沒有想到這會讓你的樹苗很缺水嗎？」遺憾的是，很多人都沒想到這個問題。

一個年輕人卻選了第一種做法，當人力資源部主管問他為什麼時，他說：「挑兩桶水雖然很辛苦，但這是我能做到的，既然能做到的事為什麼不去做呢？何況，讓樹苗多喝一些水，它們就會長得更好。那我為什麼不這麼做呢？」

最後，這個年輕人被留了下來。而其他的人，都沒有通過這次面試。

該公司的人力資源部主管是這樣解釋的，「一個人有能力或者透過一些努力就有能力承擔兩份責任，但他卻不願意這麼做，而只選擇承擔一份責任，因為這樣可以不必努力，而且很輕鬆。這樣的人，我們認定他是一個責任感較差的人。」

當你能夠盡自己的努力承擔兩份責任時，你所得到的收穫可能就是綠樹成林，相反的，你看起來也有在做事，可是由於沒有盡心盡力，結果你所得到的可能就是滿目荒蕪。這就是責任感不同的差距。

責任可以改變對待工作的態度，而對待工作的態度，決定著你的工作成績。在工作中，我們要清楚、明確的認識到自己的職責，履行好自己的職責，發揮自己的能力，克服困難完成工作。

景翔在大學畢業後，到一家鋼鐵公司實習。在這期間，他發現有很多煉鐵的礦石並沒有得到完全充分的冶煉，一些礦石中還殘留著沒有被冶煉出來的鐵。如果這樣下去的話，公司豈不是會有很大的損失？

於是，他找到了負責這項工作的工人，跟他說明了問題，這位工人說：「如果技術有了問題，工程師一定會跟我說，但現在還沒有哪一位工程師向我說明這個問題，這說明了現在並沒有問題。」景翔又找到了負責技術的工程師，對工程師說明了他所看到的問題。工程師很自信的說我們的技術是世界上一流的，怎麼可能會有這樣的問題。工程師並沒有把他提出的看成是一個很大的問題，還暗自認為，一個剛剛畢業的大學生能明白多少，不會是因為想博得別人的好感而表現自己吧？

但是景翔認為這是個很大的問題，於是他拿著沒有冶煉充分的礦石找到了公司負責技術的總工程師，他說：「先生，我認為這是一塊沒有冶煉好的礦石，您認為呢？」

總工程師看了一眼，說：「沒錯，年輕人你說得對。哪來的礦石？」

景翔說：「是我們公司的。」

「怎麼會，我們公司的技術是一流的，怎麼可能會有這樣的問題？」總工程師很詫異。

「其他工程師也這麼說，但事實確實如此。」景翔堅持道。

「看來是出問題了。怎麼沒有人向我反映？」總工程師有些發火了。

總工程師召集負責技術的工程師來到產線，果然發現了一些冶煉並不充分的礦石。經過檢查發現，原來是監測機器的某個零件出現了問題，才導致了冶煉的不充分。

公司的總經理知道了這件事之後，不但獎勵了景翔，而且還晉升他為負責技術監督的工程師。

總經理不無感慨的說：「我們公司並不缺少工程師，但缺少的是負責任的工程師，這麼多工程師就沒有一個人發現問題，就算有人提出了問題，他們還不以為然的不做處理，對於一個企業來講，人才是重要的，但是更重要的是真正有責任感和忠誠於公司的人才。」

世上沒有做不好的工作，只有不負責任的人。任何一個老闆都會非常重視員工的責任感。有較強責任感的員工不僅能夠得到老闆的信任，也為自己的事業在通往成功的道路上奠定了堅實的基礎。

不要推卸你的責任

美國前任總統歐巴馬（Barack Obama）在就職演講中呼籲：「這是個要負責的新時代，這個時代不是逃避責任，而是要擁抱責任！」責任是每個人都應該認真面對的一件事情。但在工作的過程中，許多人都不願意承擔責任。一碰到棘手問題，便謀劃著逃避責任的方法，以此來迴避責任；當事情搞砸了，便以不知道為藉口來推卸責仜，這樣做只會為自己的事業發展埋下「禍根」。

一位企業總裁講過這樣一個故事：

有兩個人在交接一根針時，不小心掉在地上，五個國家的人有五種不同的找法：德國人做事嚴謹，把掉針的地面分成很多方格子，然後一個方格子一個方格子的去找，最後一定會把針找到；法國人非常浪漫，他們憑藉著靈感，喝著香檳，吹著口哨，靈感一來就愉快的找到了；美國人性格開放、不拘一格，他們用一個掃把一掃，再從掃到的物件中很快的找到了針；日本人講求合作，兩個人商量一起找，你從這邊找，我從那邊找，一下子就找到了；而中國人則不同，首先不是如何去找針，而是想法推卸責任，誰都不願去找針。

交針的人說：「我交給你，你為什麼沒拿好？」接針的人說：「我還沒拿好，你為什麼就鬆手了。」結果吵得一塌糊塗。這就是一種劣根性，做事互相責怪，互相推諉，馬馬虎虎，應付了事，難以合作，因為缺乏自覺性，不肯主動承擔責任。

推卸責任最常用的手段就是尋找各種藉口。在責任和藉口之間，選擇責任還是選擇藉口，體現了一個人的工作態度，有了問題特別是難以解決的問題，可能讓你懊惱萬分。但這時候，有一個基本原則可以用，那就是永遠不要推卸責任。

美國前總統亞伯拉罕．林肯 (Abraham Lincoln) 曾說：「逃避責任，難辭其咎。」與其追究是誰犯的錯，不如研究如何解決問題。假如我們都主動承擔一些責任的話，工作就會順利得多。

《泰晤士報》的創辦人約翰・沃爾特（John Walter）曾經是一名送報的小員工，他的工作是負責報紙的派送。有一天，大雪覆蓋了整個天空，天氣異常寒冷。而他這時卻要騎車穿過幾個街區去送報紙。當他送完其他客戶的報紙，來到最後一家時，卻發現車裡的報紙不見了，他知道，那肯定是丟在路上了。於是，他沿著來時的路找了一遍，結果沒有找到。他又問了一遍沿途的店鋪，也沒人看到。

這件事如果讓老闆知道了，對他這個剛開始工作不久的小員工可不是什麼好事。一捆報紙雖然沒有多少錢，而且訂報的公司也未必會發現，即使發現了也未必會追究。要不要回去坦白的告訴老闆呢？這樣會不會受到老闆的責罵？還是等老闆追問起來再找理由呢？如果他不說，也許再也不會有人問起。如果有人問起，也可以找點理由搪塞過去。但這樣做，則意味著自己道德和責任的缺失。就是這樣一件小事，約翰・沃爾特仍然很認真的思考了很久。最後，約翰・沃爾特決定向老闆彙報此事，聽候老闆的處理。

回到公司，他主動找到老闆說：「我在路上丟了一捆報紙，您在我的薪水裡扣吧，要不然，下次我去送報紙時補償給客戶。」

老闆剛開始皺了皺眉頭，但看著約翰凍得發紫的臉，他微笑起來，說：「從今天開始，你的薪水每週加一美元……」

約翰驚訝的看著老闆，懷疑自己聽錯了。

「我們就需要像你這樣負責任的員工，但下次不能再丟了！」老闆微笑著說。

這位老闆後來調任到別的公司時，推薦約翰當了他的接班人。

由此可見，當你面對錯誤時，勇於承擔責任，顯然是處理危機、解決問題的有效途徑。勇於承擔責任，是人格健全的基礎。當一個人承擔了更多責任之後，他的個人能力就會增強，就會變得無往不勝。這時，責任就成了一種習慣，一種人生境界。

張恆和惠婷在同一家瓷器公司做員工，她們倆工作表現一直都很出色，上司也對這兩名員工很滿意，可是一件事卻改變了兩個人命運。

一次，張恆和惠婷一起把一件很貴重的瓷器送到客戶的商店。沒想到送貨車開到半路卻拋錨了。因為公司有規定：如果貨物不在規定時間送到，要被扣掉一部分獎金：於是，張恆二話不說，抱起瓷器一路小跑，終於在規定的時間趕到了地點。這時，跟在她身邊的惠婷心想，如果客戶看到我抱著瓷器，把這件事告訴老闆的話，說不定會給我加薪呢。於是，惠婷就搶著從張恆懷裡抱過瓷器，卻一下子沒接住，瓷器掉在了地上，「嘩啦」一聲碎了。兩個人都知道瓷器打碎了意味著什麼，一下子都呆住了。果然，兩人回去後，遭到老闆十分嚴厲的責罵。

之後，惠婷偷偷對老闆說：「老闆，這件事不是我的錯，是張恆不小心弄壞了。」

老闆把張恆叫到了辦公室。張恆把事情的經過告訴了老闆。最後說：「這件事是我們的失職，我願意承擔責任。惠婷年齡小，家境不太好，我願意承擔全部責任。我一定會彌補我們所造成的損失。」

兩人一起等待著處理的結果。一天，老闆把他們叫到了辦公室，當場任命張恆擔任公司的客戶部經理，並且對惠婷說：「從明天開始，妳就不用來上班了。」

老闆最後說：「其實，那個客戶已經看見了你們倆在遞接瓷器時的動作，他跟我說了事實。還有，我看見了問題出現後你們兩個人的反應。」

惠婷推卸責任落得一個失業的下場，而張恆只是多了點責任心，就輕易的獲得了升遷的機會。機會本就是青睞更有責任心的人，老闆就是喜歡責任感強的員工。因此，千万不要利用各種方法來推卸自己的過錯，從而忘卻自己應承擔的責任。

第十章　好職位偏愛終身學習的人

在當今知識經濟時代，「一次性學習」早已不符合社會發展的需要，人們只有不斷終身學習才不會落伍。一個人只有把學習視為一種精神境界、一種終身追求，你才能每天有所發現、有所收穫、有所進步，才能不斷增長新本領、創造新業績、適合高薪職位的要求。

學習永遠無止境

學習是一種信念，也是一種可貴的品質。隨著人類文明的發展，知識也需要不斷的更新。只有不斷學習，才能使自己跟上社會的發展。

學習的重要性不言而喻，歌德（Johann Wolfgang Goethe）說過：「人不光是靠他生來就擁有一切，而是靠他從學習中所得到的一切來造就自己。」學習是自我完善的過程，也是我們在現代社會立於不敗之地的祕訣。學海無涯，永遠不要停止你學習的腳步，讓學習成就你的事業，成就你的人生。

從前有一個小和尚，他離開家鄉到處尋找名師，想得到一些真正的修為。後來，他終於找到了一位高僧，並懇求高僧收他為弟子。高僧見他一片誠心，又天資聰慧，便收下了他。

兩年後，小和尚自以為學到了很多東西，得到了師父的真傳，便不想再繼續跟著師父參禪拜佛了，於是就向他的師父辭行，表示要下山去。高僧明白小和尚的心思，但他並沒有阻攔小和尚下山，而是讓小和尚拿來一個缽子，然後讓他往裡面裝一些石頭，裝滿為止。高僧問小和尚：「缽子裝滿了嗎？」小和尚答：「滿了，再也裝不下什麼東西了。」高僧便抓了一把芝麻撒進去，然後晃了晃缽子，芝麻一下子就不見了，接著高僧又抓起一把芝麻撒進去，又晃了晃缽子，芝麻又不見了。「缽子裝滿了嗎？」高僧再次問小和尚。小和尚慚愧的告訴師父：「看上去滿了，可是還能裝下很多東西。」這時，高僧又取來一隻杯子，讓小和尚往裡面倒水。小和尚看杯子滿了，就想停止倒水。高僧卻說：「不要停，繼續倒。」結果缽子倒滿了水後，多餘的水都溢了出來。高僧這時候才讓小和尚停止倒水，然後問他：「滿了還裝得下別的東西嗎？」小和尚明白了師父的一片苦心。

故事中的高僧利用向缽中盛物的方式含蓄巧妙的告訴急於出師的徒弟一個道理：「學無止境，切忌自滿。」

如今的資訊時代，科學技術飛快的發展，知識更新越來越快。個人用十幾年所學習的知識，會很快過時。如果不再學習更新，馬上就進入所謂的「知識半衰期」。據統計，當今世界百分之九十的知識是近三十年所產生的，知識半衰期只有五至七年。人才學上的「蓄電池理論」告訴我們，一塊高能電池的蓄電量是有限的。只有不斷的進行週期性充電，才能可持續的釋放能量。那種「一次性充電」即可受用終生的時代，已成為歷史。因此，對每一個人來說，學習是永遠沒有止境的。

某軟體公司新來了兩名大學生，一個叫齊磊，主修數學；一個叫柳鈺，主修電腦。剛進公司的時候，由於柳鈺所學科系的先天優勢，他如魚得水，獲得不少展示才華的機會，接連在好幾個專案中出力，一時間在職場上頗為得意。

一年多來，他一直以自己的專業文憑為榮，總覺得自己是電腦科系出生，受過專業系統訓練，別人是根本競爭不過他的。於是，他就這樣的躺在功勞簿上吃起了老本。平時上班一有機會就偷閒玩遊戲、上網聊天，對於更深層次的軟體發展研究，他絲毫不想去涉獵，整天在自己營造的輕鬆氛圍中度過，至今仍是個普通的程式師。而外行的齊磊卻成了軟體分析師。原因是什麼呢？因為齊磊知道自己是學數學的，對電腦只是略知一二，所以就決定從頭學起，從認識鍵盤到安裝製作軟體，透過系統的學習，扎實的對自己進行充電，不但工作時間不偷懶，而且經常早出晚歸，抓住每一分時間學習。

在熟練掌握軟體之後，齊磊並沒有鬆懈，而是把自己的長處充分的利用上，在大型軟體的演算法上下功夫，以嚴密的數學思維為基礎來編寫程式。同時，對軟體發展的最新動向也時刻關注著，並為此訂閱了大量的報刊和雜誌，吸收尖端的資訊，然後再結合現實開發新軟體，就是這樣不斷的充電，齊磊現在已經從外行變成了內行。

在日新月異的今天，一個人如果不每天學習，不斷充電，那麼很快就會落伍。因此，不管你是涉世未深的青年，還是經驗豐富的長者，不管你是胸無半點文墨，還是學富五車，都應該樹立學無止境的全新理念。做到在學習中工作，在工作中學習。真正實現自我完善、自我超越。只有做到這一點，才能在競爭激烈的環境中生存下去。

學習是無止境的，一個成功者的學習方式，就像一塊海綿一樣的去吸收知識，將工作、生活當成是學習的課堂，每天都帶著強烈的學習欲望和動機，同時還要不斷的自我積累、思考、歸納、總結和提升。只有這樣，你才會用新的角度去思考，才能領會真正意義上的學習。

將工作和學習結合起來

古人云：「士三日不讀書，便語言無味，面目可憎。」如今我們正處在大變革、大發展、大融合的時代，科學進步日新月異，知識更新日益加快，新情勢、新問題不斷的出現，這將對職場人士的知識水準和工作能力都開出了更高的要求，不抓緊時間學習，就難以跟上時代的節拍、適應工作的需要。

建勳二十二歲，大學剛畢業就進了與自己專業符合的遠洋航海船舶公司。他剛開始工作時滿腦子都是曾經學過的圖表、模型、公式，實在不知道應該如何著手眼前的工作。但他沒有被這樣的困難嚇倒，他很快就掌握了彌補自己缺點的方法。船長讓他在剛開始工作的幾個月裡只是在船上到處看看同事操作，熟悉熟悉環境。建勳明白船長的苦心，長時間的觀察使建勳基本掌握了船舶駕駛的基本技巧和方法。這時，他總算深深的認識到確實有許多東西是在課堂上學不到的，而真正的工作往往更需要扎扎實實的實踐。

六個月後，建勳得到了一次休假。但他沒有把休假時間全部花費在逛街、遊玩上，而是對自己所觀察到的事情進行了深入的思考分析。在思考分析的基礎上，他認識到自己在技術上所遇到的主要的總是還是經驗不足，而要彌補經驗不足就得多接受船員培訓，從公司工作指導手冊上吸取經驗。於是，他馬上報名參加了公司八月份的培訓班。

在培訓班學習二個月後，他終於走上了船舶的駕駛的職位工作，擔任副掌舵手。

對於一個員工的成長來說，學習是十分重要的。從不懂到懂，直到成為專業能手，就是一個不斷學習實踐的過程。不學習將失去競爭力，好員工永遠把「學習、學習、再學習」作為自己的座右銘。在勤奮和好學的基礎上，員工也自然而然會在實際工作中產生新思路、新做法，這樣的員工才能獲得職位的升遷。

靜宜和惠婷同時被微軟錄用為程式設計師，靜宜畢業於一所著名大學的電子系，她才華橫溢，設計的程式簡潔明瞭，而且很少會出現漏洞，一開始就贏得了老闆的青睞。而惠婷卻是靠自學成材的，她甚至連一個像樣的學歷都沒有，有傳言說，惠婷之所以能夠被錄取，完全是因為高層主管當中有她的親戚。

平常的工作量對靜宜而言十分輕鬆，所以她花費了大量的時間在逛商場購物上，而惠婷卻只能起早貪黑的才能勉強完成工作任務。為此，靜宜總是瞧不起惠婷，她甚至說：「和這樣的傻瓜在一起工作，簡直是我的恥辱。」

三個月以後，老闆給惠婷漲了薪水，對此，靜宜憤憤不平：「只要高層有親戚就可以加薪，完全不考慮工作能力，這樣的公司有什麼前途！」

這時，主管給靜宜看了一個惠婷的程式設計作品，靜宜看後大吃一驚，惠婷寫的程式和原來的相比竟然有了脫胎換骨的變化！簡直可以用完美無缺來形容。

原來，在靜宜自鳴於自己的才能的同時，惠婷卻在勤奮學習，而此時，惠婷設計出來的程式已經比靜宜的好多了！

工作要求我們掌握熟練的專業知識。但熟練的業務知識並不是天生的，也不是靠別人給予的，而是要靠不斷學習和累積，要犧牲更多的玩樂甚至休息時間去獲得。

人的一生都需要學習，要不斷提升自己、不斷的努力和磨練才能達到人生的目標及理想，我們在學校裡需要學習，出來工作了，當然也需要不斷的學習，因為這個社會在進步，人也要跟得上時代的步伐，工作的晉升，也需要不斷的學習，所以在工作期間保持學習是很重要的。

不斷學習才會進步

學習是一生一世的事，只有終生學習，才能成為真正的強者，更好的實現自身的價值。

有一位記者曾問李嘉誠：「今天你擁有如此巨大的商業王國，靠的是什麼？」李嘉誠回答說：「依靠知識。」有位外商也曾經問過李嘉誠：「李先生，您的成功是靠什麼？」李嘉誠毫不猶豫的回答：「靠學習，不斷的學習。」

由此可見，不斷的學習是成功必備的重要條件。我們要用學習來武裝自己的頭腦，充實自己的生活。因為，只有不斷的學習，才能不斷的進步，只有不斷的進步，才能一步步接近成功。

對職場人士的你來說，利用多餘時間學一些對工作有利以及提高工作效率的知識，利用目前可供自己自由思考的時間來保證你將來成功，這既是投資也是保險，更是將來的利潤。

一個真正成功的人，即使每天工作再多再累，他也絕不埋怨，並且還能騰出時間來進修。這也正是成功的祕訣之一，因為他們相信知識的力量是無窮的，學無止境。

一七九一年，法拉第（Michael Faraday）出生在倫敦市郊一個貧困鐵匠的家裡。他父親收入微薄且常常生病，子女又多，所以法拉第小時候連飯都吃不飽，有時候他一個星期只能吃到一個麵包，當然更談不上去上學了。

法拉第十二歲的時候，就上街去賣報。一邊賣報，一邊從報上學習識字。到十三歲的時候，法拉第進了一家印刷廠當圖書裝訂學徒，他一邊裝訂書，一邊學習。每當工作的休息時間，他就翻閱裝訂的書籍。有時甚至在送貨的路上，他也邊走邊看書。經過幾年的努力，法拉第終於摘掉了文盲的帽子。

漸漸的，法拉第能夠看懂的書越來越多。他開始閱讀《大英百科全書》，並常常讀到深夜。他特別喜歡電學和力學方面的書。法拉第沒錢買文具，就利用印刷廠的廢紙訂成筆記本，摘錄各種資料，還會自己配上插圖。

一個偶然的機會，英國皇家學會會員譚斯來到印刷廠校對他的著作，無意中發現法拉第的「手抄本」。當他知道這是一位裝訂學徒記的筆記時，感到大吃一驚，於是譚斯送給法拉第皇家學院的聽講券。

法拉第以極為興奮的心情，來到皇家學院旁聽。作報告的正是當時赫赫有名的英國著名化學家漢弗里．戴維（Humphry Davy）。法拉第睜大眼睛，非常用心的聽戴維講課。回家後，他把聽講筆記整理成冊，作為自學用的《化學課本》。

後來，法拉第把自己精心裝訂的內容達三百頁的《化學課本》寄給戴維教授，並附了一封信，表示：「極希望逃出商界而進入於科學界，因為據我的想法，科學能使人高尚而可親」。

收到信後，戴維深為感動。他非常欣賞法拉第的才幹，決定把他招為助手。法拉第非常勤奮，很快掌握了實驗技術，成為戴維的得力助手。

半年以後，戴維要到歐洲作一次科學研究旅行，訪問歐洲各國的著名科學家，參觀各國的化學實驗室。戴維決定帶法拉第出國。就這樣，法拉第跟著戴維在歐洲旅行了一年半，會見了安培（André-Marie Ampère）等著名科學家，長了不少見識，還學會了法語。

回國以後，法拉第開始獨立進行科學研究。不久，他發現了電磁感應現象。一八三四年，他發表了他透過大量實驗所得出的電化學反應中的基本定量定律，適用於一切電極反應的氧化還原過程，震動了科學界。這一定律，被命名為「法拉第電解定律」。

法拉第依靠刻苦自學，從一個連小學都沒念過的裝訂圖書學徒工，跨入了世界第一流科學家的行列。恩格斯（Friedrich Engels）曾稱讚法拉第是「至今為止最偉大的電學家」。

一八六七年八月二十五日，法拉第坐在他的書房裡看書時逝世，終年七十六歲。由於他對電化學的巨大貢獻，人們用他的姓──「法拉第」，作為電量的單位；用他的姓的縮寫──「法拉」作為電容的單位。

法拉第的故事告訴我們這樣一個道理：在人的一生之中，要有所成就，就必須要不斷學習並且把學習貫穿於自己的一生。

未來的競爭實質上就是學習的競爭，誰學習得更快、理解得更深，誰就會走在發展的前端。在競爭日趨激烈的今天，職場人面臨著社會、技術高速發展和高速變革的挑戰，也面臨著更新觀念和提高技能的挑戰，因此，我們要建立終生學習的習慣。在這個社會裡，對學習不感興趣，或是「忙得沒功夫看書」的人，終會被時代的激流所淘汰。

提升自我，你才能升遷

在當今社會，無論做什麼工作，當然每個人都想表現得出色，能讓上司發現自己的努力，讓自己的薪水高高在上，這是每一個員工的希望，如果想做到這一點，那麼就需要員工不斷的完善自己，更需要不斷的努力學習新的知識。因為唯有技高一籌，才能「職」高一籌；唯有不斷的學習，與時俱進，才能保持現在的生活品質。

王建軍是一家雜誌社的美術編輯，剛進入公司時，公司裡連一台電腦也沒有，王建軍意識到手工製版必將轉向電腦排版。所以，他先知先覺的早於編輯部的其他人報名參加了電腦培訓班。從初級到中級，把基本知識學完後，王建軍開始能夠結合美術專業知識運用到電腦排版上。在他對電腦排版很熟悉之後，又開始學習如何將電腦繪圖趨於完美。隨著王建軍對雜誌越來越熟悉，他又開始思考如何將雜誌的內容與設計渾然一體。

如此孜孜不倦、精益求精的學習，在每一次進步之後，王建軍都會為自己選準下一步應該補充的知識。雖然王建軍只有大學的學歷，但他卻成了雜誌社不可或缺的人物，不久後老闆就晉升了他的職務。

可見，「在職充電」是「人才增值」的一種好方法，要讓自己「增值」，那就需要不斷的「充電」。

職業生涯本身就是一個不斷深造、不斷累積、不斷提升的過程。如果不學習，不接受新的事物，不用最新出現的知識、技術武裝自己，當新的技術普遍被運用時，你就有可能率先被淘汰掉。而職場上的任何一個人，想要在日新月異的行業中求得發展與生存，你就必須主動來更新自己的知識結構，掌握最新的技能、技術，為自己職涯的發展補充新鮮血液。

目前，在西方的白領階層流行這樣一條知識折舊定律：「一年不學習，你所擁有的全部知識就會折舊百分之八十。你今天所不懂的東西，到明天早晨就過時了。現在有關這個世界的絕大多數觀念，也許在不到兩年時間裡，將成為永遠的過去。」

的確如此。在資訊社會，知識是要經常更新的，這對一個企業員工來說十分重要，你只有不斷的在學習中提高自己，才能做到高效的成功。

邱志杰高中畢業後，在一個建築工地上做搬運工。由於他有些文化底子，經理便有意讓他到後勤做一些編列預算的工作。但後勤是固定薪水，雖然收入穩定但薪水卻不高，邱志杰就請經理幫忙安排一個能賺多一點錢的職位。在工作期間，邱志杰邊工作邊學習，非常勤快，對任何不懂得東西都不恥下問的向有關師傅請教。虛心學習使他在一年多的時間裡掌握了幾種主要建築工程必備的技術。但這只是實際操作知識，邱志杰又利用有限的休息時間，購買了一些建築設計、構圖識圖等有關書籍資料，開始在蚊子多、燈光暗的工地裡自學。

一年後，邱志杰基本掌握了基礎建築的各種操作技術和原理，漸漸由一個技術員提升為經理。由於他好學肯做的精神，以及扎實的文化功底，公司試著給他一些小專案讓其去負責施工。由於措施得當和管理到位，邱志杰的每個專案都完成的非常出色。在這期間，邱志杰仍然沒放棄學習，自修了哈佛管理學中的系列教程，還選讀了一些和建築有關的學科，準備參加自學考試，更加完善自我。

第三年，公司成立分公司，在選拔經理時，邱志杰以優秀的成績成功當選，他已經準備好在這個行業一展宏圖、建功立業了。現在的邱志杰已經是一個擁有近千人的工程公司的經理了，但他仍在遠端教育網上進修與業務相關的課程。

由此可以看出，在這個知識與科技發展一日千里的時代，唯有不斷學習，不斷的充實自己，不斷追求成長，才能使自己在職場上始終立於不敗之地。

知識就是力量，不懈的學習精神是百戰百勝的利器。當感到自己的知識難以趕上工作要求的時候，就需要有針對性的業餘進修，學以致用不失為是一條改變困境的捷徑。

學習可以改變人生

成功的人有千萬，但成功的道路卻只有一條——學習，勤奮的學習。如果一個人停止了學習，那麼很快就會「沒電」，將會被社會所拋棄。養成不忘學習的習慣，你離成功就不遠了。

許振超是一名普通的碼頭工人，但他勤奮好學，他雖然沒有什麼學歷，但是他就是憑藉苦學苦練，成了碼頭上人人知曉的「許萬事通」。許振超的脫穎而出，沒有什麼祕訣，用他的話來說就是靠學習。

曾與許振超共事的一名工友說，一九七〇年代，他剛進港口的時候，別人上班包裡只帶一個飯盒，他的包裡卻多了一本書。到港口學橋吊式起重機的時候，別人週末去逛街，而他卻一門心思的泡在碼頭上研究工程圖。許多人都認為他不會有什麼大作為，但許振超卻相信：知識可以改變命運，職位能夠成就事業！他曾說過一句令工友們感到震撼的話：「一個人可以沒文憑，但不可以沒知識；可以不進大學殿堂，但不可以不學習。」許振超就是憑藉著自己的求學奮進和刻苦努力，終於不負自己的努力，圓了自己的夢想，成了一名「橋吊作業專家」。

人生在於學習，而人的價值在於創造和貢獻，學習可以增強人的能力，加強人創造事業力的量，所以我們必須不斷的學習才能使自己的生活過得更好。

當今社會的人才競爭，究其根本其實是知識的競爭，學習能力的競爭。學歷僅代表過去，只有學習能力才能代表未來。隨著時代的發展，競爭程度日趨激烈，競爭已經成為促進社會變化與發展的基礎，成為人類生存的必然，你能否適應那就看你的學習能力和力度了。

上文曾提到的「橋吊專家」許振超和張明軒是高中同學，成績也不相上下，同時考入了某大學，但就在收到錄取通知書的同時，許振超的母親突患急症而入院急救，經診斷為腦溢血，因搶救及時而沒有生命危險，但卻從此成了植物人。這無疑給本就不寬裕的家庭造成了重創，望著一夕白髮愁眉不展的老父親和躺在病房間裡的母親，許振超決定放棄學業，幫助父親維持這個家的生計。為了償還給母親治病所欠的債務，他決定外出工作。

在建築工地上，許振超起初是個苦力工，由於讀過幾年書，經理也有意要栽培他。在工作期間，許振超邊做邊學，對任何不懂的東西都會向有關的師傅請教。但他知道這些只是實際操作知識，所以許振超又利用有限的休息時間，購置了些有關書籍資料，開始在環境艱苦的工的裡自我學習。

偶爾與張明軒通信，他在信裡給許振超描述了大學的生活如何的豐富多彩，信上說，大學裡可以和女同學交往，可以到校外去聚餐郊遊與喝酒。許振超回信說自己工作的條件很苦，沒有機會上大學了，勸張明軒要珍惜那裡優越的學習機會和條件。張明軒卻回信說在大學裡學習很輕鬆，只要成績不要太差，絕對會拿到畢業證書的。

第二年，許振超基本掌握了建築的各種操作技術和原理，漸漸由技術員提升為經理。公司試著給他一些小專案讓其去負責施工，許振超認真的將每個專案都完成的非常出色，在這期間，許振超仍沒放棄學習，不但自修了管理學課程，還準備考取證照，更加完善自我。

第三年，公司成立分公司，在選拔經理時，許振超以優秀的成績競選成功，他終於可以在這個行業中大展宏圖了。

同年六月，上大學的張明軒畢業了，由於平時學習不太刻苦，畢業考考得很不理想，勉強拿到畢業證書。因此在很多用人公司面試時都落選，只有一家小公司看中他，決定試用他三個月，由於剛畢業而且在實習期間，薪水和待遇不高，工作條件的不理想讓張明軒很惱火。由於他學習成績不佳，且在工作中態度不好，主僱雙方均不滿意，最終張明軒失業了。

此時的許振超已是擁有近千人的工程公司的經理了，但仍在遠端教育網上進修和業務相關的課程。張明軒找到許振超這說自己要做他的助理，「朋友嘛，總得互相照顧。」許振超說：「來是可以，但我這裡也同樣只問效益和貢獻，不談朋友和照顧，若拿得出真才實學來，到哪裡都會得到承認，光靠朋友和照顧，那是對你以及對我公司的失職，那是永遠是靠不住的。」

現代社會競爭日趨劇烈，生活情形日益複雜，所以你必須具備充分的學識，接受充分的教育訓練，以應對社會生活的變化。如果你滿足於現狀，不思進取，那麼，你就不能使自己的命運向更好的方向發展。在當今社會中，任何人都不能滿足於現狀，只有勤奮努力，才能適應社會生活，實現職涯目標。

讀書使人進步

古人云：「書中自有黃金屋，書中自有顏如玉。」可見，古人對讀書情有獨鍾。其實，對於任何人而言，讀書最大的好處在於：它讓求知的人從中獲知，讓無知的人變得有知。

清朝咸豐年間的山東巡撫張曜，幼年失學，年輕時日夜在賭場中混生活，閒來無事練就了一身好武藝，後來因為參加鎮壓叛軍有功，被僧格林沁保奏做了知縣，授予五品頂帶。張曜乃一介武夫，識字不多，所以一切公文全由夫人處理。他任河南布政使時，被監察御史劉楠彈劾「目不識丁」，難以處理一省的民政財務，遂由文改武，調派為南陽鎮總兵。那時，「由文改武」是很丟臉的事。張曜羞憤之餘，知恥近乎勇，便拜夫人為師，發憤讀書，並刻「目不識丁」四字印章一枚，隨身佩帶以警惕自己。後來，當年彈劾他「目不識丁」的劉楠也被彈劾免職，回到了河南老家。此時的張曜不計前嫌，貽以千金且年年如此。他每次給劉楠的信上都要蓋上「目不識丁」的印章，以感念劉楠的栽成之德。長期的手不釋卷，使得張曜的文學修養比起往日來已是不可同日而語，這足以使他對從前的官場糾葛以闊大胸襟來坦然處之。後來張曜轉任山東巡撫，做了不少好事，如治理黃河水害，整修河堤，興辦水利，修築道路，開設機械廠局等，凡是有益於官民的事他都盡力去辦，在山東留下了很好的口碑。張曜由一個無賴賭徒到頗有政績的封疆大吏，在這一轉變中「讀書」所起到的巨大作用是顯而易見的。

讀書是知識累積的最好方法，書是人的精神食糧，是一個想成功的人所必不可少之物。

書籍蘊涵著千百年來人類的智慧與理性。它能在黑暗的日子裡鼓勵你，使你大膽的走入一個別開生面的境界，使你能夠適應這種境界的需要。所以古人云：「天下才子必讀書。」

英國著名的浪漫主義詩人雪萊（Percy Bysshe Shelley）非常愛讀書，從書本上源源不斷的流向他腦海裡的新知識，使他看上去永遠是那麼朝氣蓬勃、熱情奔放。據記載，他總是在不停的看書，連吃飯時飯桌上也放著一本書，他常會忘了喝茶與吃烤麵包，卻不會忘記讀書。他會不小心讓面前的烤羊腿、馬鈴薯冷掉，可是對書本的熱情卻絲毫不會冷卻。他外出散步時也總是手不釋卷，要是獨自出門，他便自言自語的吟誦；要是與友人同行，他就大聲朗讀，讀到動情處，同行的朋友無不動容。他的一生雖然短暫，卻綻放出了最炫目的光芒，《西風頌》、《雲》、《致雲雀》等抒情詩堪稱是文學史上的不朽之作。

眾所周知，古今中外有很大一部分的成功人士並不一定能受到良好的教育，因為他們都生於貧苦的家庭。他們之所以能成功，除了有一個遠大的志向、堅強的性格和受到家庭的影響之外，往往得益於某種啟迪。這種啟迪通常就是讀書。

大家都知道偉大的發明家愛迪生（Thomas Alva Edison）僅上了三個月的學便被退學，愛迪生沒能受到良好的學校教育，他的母親是他真正的啟蒙老師。母親教他算術、歷史、地理、英文、文學等多門學科，並在傳授知識的同時，不斷的擴大愛迪生的知識面，啟發愛迪生的智力，同時母親還經常鼓勵他，希望他能好好讀書，以便日後成就一番事業。母親還經常為愛迪生購買一些科學知識的讀物，在這些讀物中有一本名為

《派克科學讀本》的書把愛迪生深深的吸引住了，並為愛迪生豐富的想像力插上了科學的翅膀。

有時候，僅僅是一本書就會開啟人生成功的大門。許多成功人士在回顧自己的成長道路時，也常常將人生一些最真誠、最輝煌的瞬間與一本或幾本好書聯結在一起。一本好書能夠給予一個人最初的人生啟蒙甚至終生的影響，這有多麼神奇！廣泛閱讀各種書籍，無疑是我們體察人性、認識自身，追求輝煌的一條捷徑。所以，當你在工作的閒暇之餘，多讀一點書吧！只有多讀書，我們才能在自己的工作職位不被淘汰，使自己得到立足之地。

第十一章　好職位偏愛有好人緣的人

世界著名的人際關係專家戴爾．卡內基認為，一個人的成功，只有百分之十五是由於他的專業技術，而百分之八十五則要靠人際關係和他的處事能力。在工作中，你如果想謀得一個好職位，首先得懂得處理好人際關係。

今天你微笑了嗎

微笑，是人類最美麗的語言；是人類至純至善的情感表達。真誠自然的微笑，會讓一個人變得魅力十足；微笑是最有力量的武器，它瓦解心靈的黑暗，照亮情緒的陰霾，驅走恐懼的籠罩，點燃新生的希望；是積極的人生態度，它給人們以熱情、信心、勇氣，讓人與人之間更親近、真誠的溝通。

無論在家裡、在辦公室，甚至在途中遇見朋友，只要你有微笑的習慣，肯定會收到意想不到的良好效果。難怪有許多專業推銷員，每天清早洗漱時，總要花兩三分鐘的時間，面對鏡子來訓練自己的微笑，甚至將之視為每天的例行工作。正如英國諺語所說：「一副好的面孔就是一封介紹信。」微笑，將為你打開通向友誼之門，如果我們想要發展良好的人際關係，建立積極的心態，那麼我們必須養成微笑的習慣。

有一次，底特律舉行了一次巨大的汽艇展覽，人們爭相參觀。在展覽會上人們可以選購各種船隻，從小帆船到豪華的巡洋艦應有盡有。在這期間，有一宗巨大的生意差點丟掉，但第二家汽艇廠用微笑又把顧客拉了回來。

一位來自中東某一產油國的富翁，站在一艘展覽的大船面前，對站在他面前的推銷員說：「我想買一艘價值二千萬美元的汽船。」當然，這對推銷員來說是天大好事。可是，那些推銷員只是呆呆的看著這位顧客，以為他是瘋子不予理會，他認為這位富翁在開玩笑浪費他的寶貴時間，看著推銷員那沒有笑容的臉，富翁便走開了。

富翁繼續參觀，到了下一艘陳列的船前，這次招待他的是一位熱情的推銷員。這位推銷員臉上掛滿了親切的微笑，那笑容就跟太陽一樣燦爛，使得這位富翁感到非常愉快。於是他又一次說：「我想買一艘價值二千萬美元的汽船。」

「沒問題！」這位推銷員說，他的臉上掛著微笑，「我會為你介紹我們的汽船系列。」隨後，便開始推銷他的產品。

在看中一艘汽船後，這位富翁簽了一張五百萬美元的支票作為定金，並且他又對這位推銷員說：「我喜歡人們表現出一種對我非常有興趣的樣子，你現在已經用微笑向我推銷了你自己。在這次展覽會上，你是唯一讓我感到我是受歡迎的人。明天我會帶一張二千萬美元的保付支票過來。」第二天他果真言出必行的帶了一張保付支票回來，買下了價值二千萬美元的汽船。

這位熱情的推銷員用微笑把自己推銷出去了，並且連帶著推銷了他的汽船。據說，在那筆微笑生意中，他可以得到百分之二十的利潤，這可以讓他少做半輩子活。而那位冷冰冰的推銷員，則漠然的讓自己與好運擦身而過。

看哪，這就是微笑的魅力。可見，養成微笑的習慣是多麼的重要。

一位成功人士曾道出自己的成功祕訣：「如果長相不好，就讓自己有才氣；如果才氣也沒有，那就總是微笑。」微笑不僅能夠展示自己的自信，也傳遞了一種樂觀積極的態度，可以顯示出一個人的思想、性格和感情。微笑是富有感染力的，一個微笑往往帶來另一個微笑，能使雙方得以溝通，建立友誼與融洽關係。這樣一來，人與人之間的關係可能就會單純得多、輕鬆得多了。

飛機起飛前，一位乘客請求空姐幫他倒一杯水以吃藥。空姐很有禮貌的說：「先生，為了您的安全，請稍等片刻，等飛機進入平穩飛行後，我會立刻幫您送水過來。好嗎？」

十五分鐘後，飛機早已進入了平穩飛行的狀態。突然，乘客服務鈴急促的響了起來，空姐猛然意識到：糟了，由於太忙，忘記給那位乘客倒水了！空姐連忙來到客艙，小心翼翼的把水送到那位乘客跟前，面帶微笑的說：「先生，實在是對不起，由於我的疏忽，延誤了您吃藥的時間，我感到非常抱歉。」這位乘客抬起左手，指著手錶說道：「怎麼回事？有你這樣服務的嗎？你看看，都過了多久了？」空姐手裡端著水，心裡感到很委屈。但是，無論她怎麼解釋，這位挑剔的乘客都不肯原諒她的疏忽。

接下來的飛行途中，為了補償自己的過失，空姐每次去客艙幫乘客服務時，都會特意走到那位乘客面前，面帶微笑的詢問他是否需要水或者別的什麼幫助。然而，那位乘客餘怒未消，擺出一副不願合作的樣子，並不理會空姐。

到達目的地前，那位乘客要求空姐把乘客留言本給他送過去。很顯然，他要投訴這名空姐。此時，空姐心裡雖然很委屈，但是仍然不失職業道德，有禮貌而且面帶微笑的說道：「先生，請允許我再次向您表示真誠的歉意，無論你提出什麼意見，我都將欣然接受您的批評！」那位乘客臉色微動，嘴巴正準備說什麼，可是卻沒有開口。他接過留言本，在上面寫了起來。

飛機安全降落。所有的乘客陸續離開後，空姐打開留言本，驚奇的發現，那位乘客在本子上寫下的並不是投訴信，而是一封熱情洋溢的表揚信。

是什麼使得這位挑剔的乘客最終放棄了投訴呢？在信中，空姐讀到這樣一句話：「在整個過程中，妳表現出的真誠歉意，特別是妳的十二次微笑，深深打動了我，使我最終決定將投訴信寫成表揚信！妳的服務品質很高。下次如果有機會，我還會乘坐妳們的航班！」

由此可見，微笑是一種武器，是一種尋求和解的武器。微笑能將怒氣化解於對方的體內，阻止他的進攻。無論是在生活還是在工作中，只要你不吝惜微笑，往往就能夠左右逢源、順心如意。這是因為微笑表現著自己友善、謙恭、渴望友誼的美好的情感，是向他人發射出的理解、寬容、信任的訊號。

在我們的生活中不能沒有微笑。一位詩人曾經這樣寫道：「你需要的話，可以拿走我的麵包，可以拿走我的空氣，可是別把你的微笑拿走。因為生活需要微笑，也正因為有了微笑，生活便有了生氣。」的確，在我們的生活中不能沒有微笑。微笑是一縷春風，化開久凍的堅冰；微笑是一滴甘露，滋潤久旱的心田；微笑是人們臉上高尚的表情，溫馨而怡人！每天給自己一個微笑，你會趕走生活中所有的煩惱。

與同事融洽相處

競爭與友誼是職場的兩大主體，而融洽的同事關係也能為個人的成功奠定一個良好的基礎。因此，如何處理與同事之間的關係，讓自己廣受歡迎，成了一種生存智慧。

英傑是一家肉類加工公司的主管。對他來說，同事們的支援至關重要。過去二十年來，他是從生產線上開始，一步步的晉升到高級管理層的。英傑以前經常代表大家去與領班談判，解決紛爭，員工們都十分信任他。正是這種信賴，使得他屢屢升遷。公司管理層深知，憑藉他在員工中的威信，英傑完全可以當一名幹練的經理。

在工作中，與同事建立良好的人際關係，得到大家的認可與尊重，無疑會對自己的生存和發展有著極大的幫助。良好的同事關係讓你和你周圍同事的工作和生活都會變得更簡單、更有效率。

隨著市場經濟的發展，在一些部門和企業，追求著工作績效，希望贏得上司的好感、獲得晉升，以及其他種種利害衝突，使得同事間存在著一種競爭關係。這種競爭在很大程度上摻雜了個人感情、好惡、與上級的關係等複雜因素。表面上大家同心同德，和和氣氣，內心裡卻可能各打各的算盤。利害關係導致同事之間表面上同舟共濟，但也可能各懷心事，因此難免關係變得微妙。這就需要我們與同事相處時注意細節，不能過於隨便。

日常交往中，我們不妨注意把握以下幾點，來建立融洽的同事關係。

一、把握好交談的尺度

和同事聊天交談之時，千萬不要「打破砂鍋問到底」，彼此心照不宣就足夠了，要考慮對方的心情，給對方留足面子，這樣會比較容易獲得對方的好感。同時，不要涉及對方的隱私，這是對同事最基本的尊重。要遠離蜚短流長，它是職場中「殺人不見血」的刀，被流言所困擾的人，在心靈上會造成很大的傷害，因此無論是從人格還是道義上講，都不要讓自己捲入其中，以免誤人誤己。

二、把握好交往的尺度

有這樣一個寓言故事：一個飄雪的冬日，森林中有十幾隻刺蝟凍得發抖。為了取暖，牠們只好緊緊的靠在一起，卻因為忍受不了彼此的長刺，很快就各自跑開了。可是天氣實在太冷，牠們又想要靠在一起取暖；然而靠在一起時的刺痛，又使牠們不得不再度分開。就這樣反反覆覆的分了又聚，聚了又分，不斷在受凍與受痛兩種痛苦之間掙扎。最後，刺蝟們終於找出一個適當的距離，可以既互相取暖而又不至於會被彼此刺傷。

從刺蝟的相處法則中，我們可以看出：在做任何事情的時候，都要把握好一個尺度。在同事交往之中，如果過分的親密無間、推心置腹，那麼在你們之間也就沒有了距離感、沒有了祕密，這麼一來對方的缺點將暴露無遺，也就失去了彼此所欣賞的對方的美感。與之相反，如果同事之間的關係過於疏遠，對方在彼此心中只是一個模糊的形象，同樣也是不利於未來的工作和友誼的和諧發展。唯有保持適當的距離，才會達到一種較為理想的協作效果。所以我們在與同事交往中，切記不要過於疏遠，也不要過於親密。同事之間的友情一定要把握好適當的火候與分寸，既要做到有所為，還要做到有所不為。

三、學會互相尊重

同事之間，不管能力和水準有多大的差異，都應對他人有必要的尊重。對那些你認為水準比你高、能力比你強的人，也不要表現出缺乏自尊與自信，這樣往往會被他瞧不起。對那些你認為不如你的同事也不要盛氣凌人，因為這樣會因為你對他不尊重而導致正常交往的失敗。不要在他人面前說大話，不要掃他人的興，更不要以質問的口氣對人說話，這些都是對別人的不尊重。相反的，在你出現錯誤時，要勇於承認錯誤，並適時的請求別人的幫助。承認你需要幫助，會使你更容易與和與你一起工作的人打交道，而告訴別人你從某個錯誤中學到了什麼，則證明了你並沒有把自己看得高人一等，讓人感到你容易相處。

四、不與同事有金錢往來

在同事們的印象當中，冠傑無論是關係很好的同事還是關係一般的同事，他都能隨便的開口向他們借錢，有時同事確實身邊沒帶夠錢，冠傑就會當面埋怨同事不夠交情，覺得大家同事一場，借點錢有這麼困難嗎？原來所謂的同事關係只是表面工夫；而被借錢的同事覺得友誼出現了雜質，甚至擔心自己的錢借給他會有去無回。有一次，冠傑沒有如期將錢還給同事，同事立即對他產生了反感，結果漸漸的大家都不願意理他。

有時會遇到同事向你借錢，這時候你該怎麼辦呢？一般來說，遇到這種情況是比較麻煩的，有的人確實經濟拮据，借錢也無力如期償還。遇到這種事情，你應該仔細分析一下，看看這位同事屬於哪種情況。如果這位同事確有燃眉之急，你應該伸出援助之手，幫他渡過難關；如果這位同事平時花錢如流水，不知道節儉，理財無方，那麼借不借他錢，還需要看你們平時交情的深淺了。假如你們在同一部門，平時交流很多，無法推辭的話，那你就只有「酌量」幫忙了。

如果借錢者是別的部門的人。你瞭解他是個守信用的人，你就可以借錢給他，因為一旦這件事完結，或許你倆的友誼會更進一步，當你日後去他的部門辦理事情時，他一定會盡力相助。

但如果這位同事平時信譽不太好，你就應該委婉的告訴他：「對不起，我這個月有很多費用要付，資金比較緊張，恐怕幫不了你的忙。」

工作之餘，同事間一起吃頓便飯，一起去唱唱歌，放鬆一下精神，消除工作所帶來的疲勞，這是同事間聯絡感情的一種方式。但這時候大家應該盡量各付各的帳。這樣才能使同事間保持良好、持久的關係。

五、同事之間要互相幫助

俗話說得好：「一個籬笆三個樁，一個好漢三個幫」。同事間只有互相團結、互相支持、互相幫助、互相尊重、親如一家，才能營造一個和諧的工作環境。我們經常能聽到這樣一句話：與人方便，就是與己方便。我們工作中如果沒有了關懷和愛心，同事之間就無法和睦相處。有時候，我們必須為他人的利益著想。如果只站在自己的角度而不顧別人，那麼你就可能受到排擠、攻擊。不給他人方便的人，自己也難得到好的結果，不愛人等於不愛己。

總之，建立融洽的同事關係是一門重要的學問，我們只有以團結友善的態度對待同事之間的關係，才能創造一個輕鬆的工作環境，提高工作效率，為你的職業晉升鋪路。

處理好和上司的關係

與上司保持良好的人際關係對任何員工來說都是非常重要的。打好與上司之間的關係，有助於你事業上的成功。

但是對於這個問題，人們往往有兩種錯誤的認知：一種認為，處理好上下級關係這是上司的事，我是他的下屬，應該由他來賞識我器重我，由他來調動我的積極性，我只要盡職工作就行了，不用去操這份心。誰知道，到頭來自己工作做得雖然不少卻「吃力不討好」，只能慨嘆「工作好做，人事難處」了。另一種認為，與上司打好關係是要無條件做到的，於是奉承、討好、拍馬屁，既喪失自己的人格尊嚴，也於工作無補，對兩者都無益處。

其實，與上司保持良好的關係，也有一些體面、正直、光明磊落的行為原則。怎樣才能與上司建立一定的關係，下列方法可供參考。

一、要維護上司的尊嚴

臺灣人酷愛面子，視面子為珍寶。而身為領導者更愛面子，很在乎下屬對自己的態度，並也往往以此作為考慮下屬對自己尊重不尊重的一個重要「指標」。

從歷史上看，因為不識時務、不看上司的臉色行事而觸了礁的人並不在少數，也有一些一生忠心耿耿的人，因為一時衝撞了上司而備受冷落。

面子和權威為什麼如此重要，根本原因在於他們與上司的能力、水準與權威性密切掛鉤。得罪上司與得罪同事不一樣，輕者會被上司批評，遇上心胸狹窄的上司還可能會打擊報復，暗地裡給你出難題，甚至會壓制你的發展。現實中有一些人總是有意無意的讓上司丟面子、損害上司的權威，常常損傷上司的自尊心，因而經常碰釘子、受冷落。從與上司相處的角度講，不謹言慎行的話，一旦衝撞了上司，就會影響你的職涯進步和發展。

二、把功勞讓給上司

上司是一個部門的領導者，部門工作的好壞直接關係到上司的業績。因此，工作能力強弱是對下級的一個評判標準。

上司一般都很賞識聰明、機靈、有頭腦、有創造性的下屬，這樣的人往往能出色的完成任務。有能力做好本職工作是令上司滿意的前提，一旦被人認為是無能無識之輩，既愚蠢又懶惰，處境便很危險了。

但我們在完成工作之後，要學會把功勞讓給上司。

職場人士在講自己的成績時，往往會先說一段客套話：「之所以取得佳績，是上司和同事們幫助的結果。」這種客套話雖然乏味得很，但卻有很大的妙用：顯得你謙虛謹慎，從而幫助你減少他人的嫉恨。

三、虛心接受上司批評

上司批評你時，他希望下屬能誠懇虛心的接受批評，最讓其惱火的是下屬把上司批評的話當成了「耳邊風」，依然我行我素。

其實，上司也不會隨便出言批評你的，你應該要誠懇的接受批評，要從批評中悟出道理來。

當然，也不應把批評看得太重，覺得自己挨了批評，以後在同事面前就抬不起頭了，因而在工作打不起精神，這樣的行為最讓上司所瞧不起。把批評看得太重，上司會認為你氣度太小，他可能不會再指責你了，但他也不會再信任和器重你了。

四、成為上司的得力助手

當你的上司遇到困難的時候若你能夠及時並且勇敢而巧妙的站出來，為他解除尷尬、窘迫的局面，這往往會得到出人意料的效果：你會突然發現，你與上司的關係更加密切了；原來只是工作上的關係，現在卻增加了感情上的色彩；原來對你的評價一般，而現在卻一下子發現了你的更多優點，更棒的是你原來的缺點也似乎得到了「重新解讀」。

五、和上司的關係不要太密切

一般的上司都不願跟下屬關係過於密切，主要是顧忌別人的議論和看法，再者就是他在你心目中的威信。同時，任何上司在工作中都要講究方法、講究一些措施和手段，如果你把他的一切都知道得一清二楚，那這些方法、措施和手段，就可能會失敗。

那麼想和上司保持一定的距離，需要注意哪些問題呢？

首先，保持工作上的溝通、資訊上的溝通與適度的感情上的溝通。但要千萬注意不要窺視上司的家庭祕密、個人隱私。和上司保持一定的距離還應該注意，雖然要瞭解上司的主要意圖和主張，但不要事無巨細，瞭解他的每一個行動步驟和措施的意圖是什麼？這樣做會使他感到你的眼睛太亮了，什麼事都瞞不過你。這樣他工作起來就會覺得很不方便。

他是上司，你是下屬，他當然有許多事情要向你保密。有一些是你應該知道的而有一些則是你不應該知道的。

和上司保持一定的距離，還有一點需要注意的，就是要注意時間、場合、地點。有時在私下可以談得多一點，但在公開場合、在工作關係中，就應該有所避諱、有所收斂。

和上司保持一定的距離，還有一個很重要的方面，就是既要接受他對你的所有批評，可是也應有自己的獨立見解；傾聽他的所有意見，可是發表自己的意見就要有所選擇。也就是說，不要人云亦云。

六、不要在背後議論和詆毀上司

在職場中有一個很普遍的現象：當面不說背後亂說，會上不說會後亂說。從上司的穿衣打扮、言行舉止的品評開始，到道聽塗說的八卦新聞；從對上司的不滿宣洩開始，到肆意漫罵、詛咒和詆毀上司。這是與人相處的一大禁忌。別自以為上司不會知道你在背後的議論，天下沒有不透風的牆，謠言總會不脛而走，使你的前途岌岌可危。

午餐時，傑希和幾位同事一起聊起了一位剛剛從公司離職的員工，那位員工平時似乎很不得人心，大家紛紛七嘴八舌的開一些無傷大雅的玩笑，氣氛很熱烈。

傑希也愉快的加入了話題：「你們看她的性格多古怪啊，肯定是因為這麼大了還沒交男朋友，老剩女總是和一般人顯得不大一樣。」沒想到原本輕鬆的氣氛隨著她的這句話消失了，原本頗有興致的在談話的人忽然都安靜了下來，沒人願意接她的話。這讓傑希尷尬而又不解。

後來她才明白，原來大家都知道和他們一起吃飯的人力資源部經理蘇珊也三十多歲了沒有結婚，而且目前並沒有男朋友。此時，傑希才明白自己無意間犯了個大錯。

七、適度恭維上司

人的天性是喜歡聽到讚美之詞，上司也是人，同樣不能例外。上司們口頭上一般都會表示出極其厭惡員工拍馬屁的樣子，但他們同時也承認，來自員工的溢美之詞偶爾也會讓自己很開心。讚美上司是對上司的認可、支持和褒揚，是員工與上司打好關係的「潤滑劑」。但在職場中，有些人的「讚美」總讓人感到噁心。他們不分場合和時間的巴結上司，什麼過分的話他們都說得出口，他們認為向上司大獻殷勤就能輕而易舉的得到提拔，投機的不想透過努力工作而獲得成功。拍馬屁固然是最容易贏得上司好感的方法，但不擇手段，甚至以喪失人格和尊嚴為代價換取一時的利益，實在是不可取，也是與上司相處時的忌諱。尤其在現代社會中，人們都對人格、尊嚴看得很重，像這種奴性十足的奉承不僅上司不願接受，其他同事看起來也會感到幼稚、可笑。稱讚上司並不是工作的全部，只是建立良好的人際關係手段之一，是使自己的工作得以順利完成、目的得以順利實現的一種方法。若能巧妙的運用讚美之詞，讓你的上司賞識你，營造一種和諧的職場氣氛，同時不失去自己做人的尊嚴和修養的話，事業的成功也就離你不遠了。

總之，與上司打好關係，也就是為你的前途奠定基礎，是人生成功的第一步。如果你能按照上述的方法去做，你就會成為上司最信賴的人，在工作中取得成功。

處理好和你下屬的關係

處理與下屬的關係，就是在處理領導者與被領導者的關係，這是一個領導藝術的問題。

俗話說，「一個好漢三個幫」。在現代企業的經營中，單靠個人的智慧和力量想要獲得成功的難度越來越大，因此，作為上司應當妥善與下屬之間的關係，這樣就能將整個團體緊緊團結在一起，讓你的每一個下屬都為你效力，使你的工作能順利完成，爭取更大的晉升空間。

第十一章　好職位偏愛有好人緣的人

一、寬容下屬的過失

寬容是低調領導者的一種品質。現代社會人才競爭日趨激烈，作為上司要識才、愛才、惜才，首先必須做到心胸開闊、襟懷豁達、寬厚為善，這樣才能使各方人才全心全意的為所領導之企業的發展來服務。

美國某公司一位高階主管，由於工作嚴重的失誤給公司造成了六百萬美元的巨額損失。為此，這位主管心裡非常緊張。第二天，董事長把這位主管叫到辦公室，通知他調任同等重要的新職位。

「為什麼沒有把我開除、降職？」這位主管非常驚訝的問。

董事長回答說：「若是那樣做的話，豈不是在你身上白花六百萬美元的學費？！」

這出人意料的一句激勵的話，使這位高階主管從心裡產生了巨大動力。董事長的出發點是：「如果給他繼續工作的機會，他的進取心和才智有可能超過未受過挫折的常人。」後來，這位高階主管果然以驚人的毅力和智慧，為該公司做出了顯著的貢獻。

「人非聖賢，孰能無過？」面對下屬的錯誤，領導者是坦然面對、一笑了之，還是大發雷霆、睚眥必報，這是區分其優秀與平庸甚至拙劣的一個重要標識。前者往往能夠以一種博大的胸懷，寬容下屬的過錯，並給予其改過的機會。可見，寬容是領導者容人之過的一種胸懷。

二、讓下屬瞭解事情的全面

安排工作時要講清楚目的和全面，而不是只告訴他「你現在該做什麼」。有些領導者認為「下屬做好當前的工作就行了，沒有必要瞭解事情的全面，因為我才是整體調度者」，這種觀念是錯誤的。如果你的下屬不瞭解事情的全面，他只能完全按照你的表面意圖而工作，不敢越雷池一步。在工作中遇到的任何問題，他都要向你彙報，因為他不知道如何處理才是正確的。長此以往的話，你的下屬會成為你的「跟屁蟲」，其工作能力不會有任何長進。

讓下屬瞭解事情的全面，並讓他瞭解其他員工是如何配合的，這非常有利於工作效率的提高。瞭解了大局，下屬就會明白這些事情的做事原則，在一些細節上就能夠靈活處理。久而久之，下屬就會認真的去思考自己的工作，並且會將自己的一些建議和想法告訴你，你不但多了一個好參謀，他的工作幹勁也會十足。

三、放下領導者的架子

在實際工作中，領導者不要老想著自己是上司而不肯放下架子，要知道，高高在上的神態總是令人討厭的，更不會受到別人的尊敬，它只會為領導者的工作增添無數的障礙。而放下架子，在工作和交往中，以平等的態度與員工交流，則會使人有受到尊重的感覺。如果領導者可以將這樣的交往與管理活動巧妙的融合在一起，下屬便會樂於接受你的領導，並且樂於與你交朋友。這樣，你的「權力範圍」就會變成良好的「關係範圍」，這才是一種最佳狀態。

四、信任下屬的工作能力

領導者與下屬之間是一種協作關係，協作就需要信任。信任是一種尊重、鼓勵與讚美，是一種給予下屬自信的有效方法，是下屬自動自發的回報領導者的精神動力之一。如果你對下屬的能力經常懷疑的話，那你就想辦法換掉他。否則你事事干預、過問，甚至監督下屬工作的話，下屬會因此而放棄自己的創造性，完全按照你的「正確指示」去工作，形成下屬不能放開手腳去做，而是一邊猜測你的意圖一邊做事。而且你用挑剔的眼光去觀察的話，下屬的缺點很容易就暴露出來，那你就會更加的不信任下屬。每個下屬都是在摸索中成長的，只要他還沒有放棄，身為上司就該為他營造略為寬鬆的環境。

五、勇於為下屬承擔責任

下屬對一個上司的評價，往往決定於他是否有責任感，勇於承擔責任。好的上司不僅會使下屬有安全感，而且也會促使下屬進行反思，反思過後就會發現自己的缺陷，從而在大家面前主動道歉，並承擔責任。

敢於為下屬撐腰壯膽，敢於在必要時替下屬分擔責任，不僅體現了一個領導者的道德品質和領導水準，而且直接關係到上下級之間能否建立起互相信賴、互相支持的融洽關係，關係到整個管理體系能否正常運作。

領導者勇於承擔責任，表面上看是把責任攬在了自己身上，使自己成為受譴責的對象，實質上不過是把下屬的責任轉到上級領導者身上，從而使問題解決起來更容易一些。假如你是個中級領導，你為你的下屬承擔了責任，那麼你的上司是否也會反思，他也有某些責任呢？一旦公司裡上行下效，形成勇於承擔責任的風氣，便會杜絕互相推卸工作、上下不團結的局面，使公司能有更強的凝聚力，從而更有競爭力。當問題發生時，尋找解決方法，而不是尋找代罪羔羊。

因此，身為一個領導者不應該逃避責任，只要是公司的員工犯下了錯誤，就是自己的錯誤，因為員工能夠犯錯，就說明了自己沒有盡到責任。如果員工會被處罰，公司的領導者應該首當其衝，不找藉口、不辯解，在公司員工面前大膽的承擔自己的責任，這就是一個領導者最應該有的品質。

六、學會讚美下屬

一個人具有某些長處或取得了某些成就後，他還需要的是得到別人的認可。如果你能以誠摯的敬意和真心實意的讚揚去滿足一個人的自我需求，那麼任何一個人都可能會變得更愉快、更通情達理、更樂於協作。因此，作為領導者，你應該努力去發現你能對下屬加以讚揚的小事，尋找他們的優點，形成一種讚美的習慣。

國內外的實踐經驗和相關研究都已表明，讚揚是最好的激勵方式之一。讚揚下屬是對下屬的行為、舉止及進行的工作給予正面的評價，讚揚是發自內心的肯定與欣賞。讚揚的目的是傳達一種肯定的訊息以激勵下屬。下屬有了激勵才會更有自信，想要做得更好。

康妮為一名普通的主管，她的職責之一是監督一名清潔工的工作。因為他做得很不好，所以其他的員工時常嘲笑他；並且常常故意把紙屑或其他的東西丟在走廊上，以顯示他工作的差勁。這種情形當然很不好，而且影響工作品質。

這位女主管試過各種辦法，但是都收不到效果。不過她發現，這位清潔工偶爾也會把一個地方弄得很清潔。於是，女主管康妮就趁他有這種表現的時候在大眾面前公開讚揚他。於是，這名清潔工的工作從此有了改進，不久後他就可以把整個工作都做得很好了。現在他的工作可以說再也沒有別人可以挑剔的地方，其他人對他也大為讚賞。由此可見，真誠的讚美可以收到好的效果，而批評和恥笑卻會把事情弄得更糟。

總之，善於處理與下屬的關係是正確而有效的執行上級指示、制定和落實決策的關鍵。只有妥當處理其中各種關係，才能形成整體凝聚力，為你的職涯發展錦上添花。

學會善待你的客戶

市場經濟時代，客戶就是經營者的「衣食父母」，因此，作為員工的你必須主動與客戶溝通，並建立一種親密合作的朋友關係。

一個炎熱的午後，一位身穿汗衫、滿身汗味的老農夫伸手推開汽車展示中心的玻璃門，一位笑容可掬的小姐馬上迎上來並客氣的問：「先生，我能為您做什麼嗎？」

老農夫靦腆的說：「不用了，外面太熱，我想進來涼快一下，馬上就走。」

小姐馬上親切的說：「是啊，今天真熱，聽說有三十七度呢，您肯定熱壞了，我幫您倒杯水吧。」接著，她便請農夫坐在豪華沙發上休息。

「可是，我的衣服不太乾淨，怕弄髒沙發」，農夫說。

小姐邊倒水邊笑著說：「沒關係，沙發就是給人坐的，否則，我們買它做什麼？」

喝完水，老農夫沒事便走向展示中心內的新貨車邊東瞧西看。

這時，小姐又走過來問：「先生，這款貨車很有力，要不要我幫您介紹一下？」

「不要！不要！」老農忙說，「我可沒錢買」。

「沒關係，以後您也可以幫我們介紹啊。」然後，小姐便逐一將車的性能解釋給老農夫聽。

聽完，老農夫突然掏出一張皺巴巴的紙說：「這是我要的車型和數量。」

小姐詫異的接過來一看，他竟然要訂十輛，忙說：「先生，您訂這麼多車，我得請經理來接待您，請您先試車吧……」

老農夫平靜的說：「不用找經理了，我和一位朋友投資了貨運生意，需要買一批貨車，我不懂車，最關心的還是售後服務，我兒子教我用這個方法來試探車商。我走了幾家，每當我穿著同樣的衣服進去並說沒錢買車時，常常會遭到冷落，這讓我感到有點難過，只有你們這裡不一樣，你們知道我『不是』客戶還能這麼熱心，所以我相信你們的服務……」

所以，作為員工的你應該牢記：你的任務是幫老闆爭取生意，擴大業務，所有的往來客戶，凡是能給公司帶來利益的客戶，都是你的「衣食父母」。無論何時何地，你都要對所有的客戶一視同仁、熱情相待。

一個雨天的上午，一位老婦人走進一家百貨公司，她毫無目的的在商店內逛來逛去，很明顯的她進百貨公司的目的只是躲雨而不打算買東西。大部分的售貨員只對她瞧上一眼，並沒有打算理會她，便自顧自的整理貨架上的商品，以免這位老太太去麻煩他們。

這時，一位年輕的女店員看到了這位老婦人，便立刻走過去，並向她打招呼，很有禮貌的問她：「您是否有需要服務的地方？」

這位老太太對她說：「我只是進來躲雨，並不打算買東西。」

這位年輕的女店員安慰她說：「即便是您不想買東西，您仍然是受歡迎的。」女店員說完話後，並沒有急於回去整理貨架上的商品，而是留下來主動和這位老婦人聊天，以顯示她確實歡迎這位不買東西的顧客。

當這位老太太離去時，這名年輕的女店員還陪她到街上，並替她把傘撐開。臨別時，這位老太太向這位年輕的女店員要了一張名片，然後就離開了。

後來，這位年輕的女店員早已完全忘了這件事。然而，有一天，她突然被公司老闆請到辦公室去，老闆向她出示了一封信，信是那位老太太寫來的。

原來，這位老太太是一位富商的母親，她就是這位年輕的女店員在幾個月前很有禮貌的護送到街上的那位老太太。

這位老太太寫信，要求這家百貨公司派一名售貨員到休斯頓去，代表該百貨公司為其提供裝飾一所豪華住宅所需的物品。

在這封信裡，這位富商的母親特別明確的指定要由這位年輕的女店員代表公司去和她接洽，交易的金額數目巨大。

倘若這位年輕的女店員像其他店員一樣，不理睬這位不打算買東西的老太太，那麼，她就不會獲得晉升。

戴爾·卡內基說：「時時的真誠去關心別人，你在兩個月內所交到的朋友，遠比只想別人來關心他的人，在兩年內所交的朋友還多」。一個從來不關心別人的人，一生必定遭受層層的阻礙，即損人又害己，註定是個失敗者。

所謂真誠的關心是發自肺腑的去關心客戶。關心當然無大小之分，可以是一句誠摯的「謝謝」、一個熱誠的「微笑」、簡單親切的「問候」、誠心誠意的「道歉」，這些小事雖然微不足道，但只要真誠，就很感人。我們關心顧客，只要發自內心的去幫助顧客排憂解難，就不愁與顧客不能成為朋友了。

真誠是人生最大的資產，有了真誠，你才能夠做好工作，沒有真誠，任何成功的機會都會與你無緣。只有誠實待人、真心待客，只有真誠待人，才能贏得客戶對自己的尊重和友誼，才能建立起信任和理解，才能促使工作順利的完成。

有一次，江璇上門給顧客送產品時，聽顧客說，他隔壁住了一位老太太，先生早逝，兒女都在海外，她的身體狀況不太好。江璇心裡就想，也許公司的營養保健食品對她會有所幫助。於是，江璇就在顧客的引見下登門拜訪。知道江璇的來意後，老太太婉拒說：「我不太相信什麼保健品，就連兒女買的保健品有很多還沒開封呢。」

離開後，江璇總是記掛著這位孤獨的老人，每逢去那位顧客家送貨時，都要去老人家坐坐，陪她聊一會兒天。沒想到有一天，老人向來看她的江璇認真諮詢起營養品的功用，還請江璇針對自己的身體狀況推薦幾款。

生意就這樣做成了！就連江璇自己都有些納悶：自己再也沒向老人推銷過產品，她怎麼會有一百八十度的大轉變呢？其實，有經驗的銷售人員一看就明白，是江璇對老人真誠的關心最終促成了交易，因為它滿足了老人被瞭解與被重視的需求。

古人云：「感人心者，莫先乎情。」這種「情」就是指人的真情實感，只有用你自己的真情才能換來對方的情感共鳴。我們的真誠是贏得客戶唯一的正確選擇，虛偽雖然可以一時得逞，但天長地久靠的必然是真誠的獲得對方的欣賞。對客戶真誠是獲得友誼的祕訣，是獲得好聲譽的最好的方法，好的聲譽是一輩子的財富，是一座挖不完的金礦。

在工作中，只要你用真心熱愛您的顧客，真心實意的去體貼照顧您的客戶，久而久之，你就會驚奇的發現，你對客戶怎麼樣，客戶也會怎麼樣對你，你若真心喜歡客戶，客戶也會真心喜歡你；你若討厭客戶，客戶也會自然討厭你；同樣你若用心去愛客戶，客戶也會用心愛你。因此，我們要用自己的真誠去吸引客戶，去贏得別人的尊敬。

構建良好的人際關係

一個人若想在職場上有所發展，人脈起著至關重要的作用。學歷或許能為你敲開職場之門，但是若要為長遠的發展作考慮，則需要一張良好的人脈網路。在漫長的職業生涯中，你需要在與工作夥伴的交流中保持一種持久的動力。

美國紐約某銀行的董事長兼總經理莫羅爾，他的年收入高達一百萬美元。但是他最初只不過是一個小法庭的書記員而已。後來讓他的事業發生驚天動地變化的原因是什麼呢？他究竟是靠什麼法寶作後盾的呢？莫羅爾一生中最幸運、也最重大的一件事就是他博得了一個大財團董事長的青睞，從而一蹴而就，成為全國矚目的商業鉅子。據說這個大財團董事長挑選莫羅爾擔任這一要職時，不僅是因為他在經濟界享有盛譽，更多的是因為他不但人格高尚，而且特別會與人相處。他常常對人說，「良好的人際關係是事業成功的最重要的因素之一」，「沒有人能準確的說出『關係』是什麼，但如果一個人沒有良好的人際關係，便是沒有成功的希望。事業的成功百分之七十靠的是人際關係。這是毋庸置疑的。」

在西方，有一句流行語：「一個人能否成功，不在於你知道什麼，而是在於你認識誰。」在知識經濟時代，人際關係已成為專業的支援體系。對於個人來說，專業是利刃，人際關係則是祕密武器。如果光有專業，沒有人際關係，個人競爭力就只是一分耕耘，一分收穫；但若能加上人際關係，個人競爭力將是一分耕耘，數倍收穫。因此，開發和經營人際關係，不僅能為你雪中送炭，在「貴人」相助之下，更能為事業發展錦上添花。想要使事業成功，就必須擴充自己的關係網，尤其是想要銷售某種新產品、做一項活動，能助你一臂之力的鐵定是那些有實力的關係客戶。

約翰是一家大公司的初級會計員，在公司這幾年，他感到各方面的業務都已能應付自如了，於是他想去佛羅里達州尋求更好的發展機會。但是他與佛羅里達州的各家公司都沒有任何關係，所以只能給他所知道的各家公司寫信和與職業介紹所聯繫，可是都沒有得到滿意的答覆。

於是約翰決定透過人脈來辦成這件事，他把所認識的人依照分類列了一張表。在分類表中，他選出可能幫得上忙的一些關係。這些關係中，他們都直接或間接的與他想去的佛羅里達州有聯繫，而且與會計公司有關。他再進一步思考，他們中間哪些人與會計公司的聯繫更為密切呢？最後他選中了兩個人：一個是他的老闆亨利先生；一個是他妹妹的好朋友珍妮。

他接下來的行動，也是最重要的一步，就是找到這些能夠引薦自己的對象，以取得他們的幫助。他知道，珍妮對參加一個女大學生聯誼很感興趣，但卻苦於不能參加，於是他決定先幫助珍妮達成願望，再換取珍妮的幫助。他同學的表妹正好是這個聯誼會的成員。約翰透過這個同學，介紹珍妮進入了這個聯誼會。

珍妮後來為他舉辦了一個晚會，並在晚會上把約翰介紹給她的父親。珍妮的父親是佛羅里達州一位很有聲望的律師，因此透過他的一位朋友的幫助，找到了一家職業介紹所的總經理，並透過多方努力使約翰終於得到了心儀的職位。

一個人若想有所發展，無論是職位的升遷或是工作的變動，都得益於自己各方面的社會關係。良好的人際關係，使你能與他人互通有無、互惠其利，為你的生活和事業增添無限樂趣和助力，幫助你實現自己的理想，成就事業，達成目標。

有人曾問某公司的董事長打拼成功的經驗，他故作神祕的問：「你要聽大話？還是實話？」那個人說，當然是後者。他不改幽默本色，故意誇張的把門關上，然後才說：「就是靠朋友。朋友越多，機會也越多。很多的機會當初自己壓根兒沒想過，更看不到。」出身貧寒的他，是從小業務員做起的，憑他的學歷及出生背景，竟然成就了今天的大業，確實是誰也沒想到的。但他最大的優點是性格豪爽，很容易交到朋友，事實上他也正是靠朋友的介紹、引薦與扶持，一步一個腳印才走到今天這個地位。他有兩本總是隨身攜帶的「通訊錄」，因為他的人脈網路遍及各個領域，有上千上萬筆，數都數不清。

不論你是落魄失業、陷入困境，還是春風得意、飛黃騰達，你最好能夠廣交朋友，並與他們和諧相處。因為你結交的朋友越多，你的資訊、機會也就越多，對你的選擇和發展越是有益處。所以說，人脈是一筆取之不盡的財富。

第十二章　好職位偏愛身心健康的人

無論你身處何種職位，都必須擁有健康的身心。只有準確的把握工作和休息的關係，使之張弛有度，才能從根本上提高人的工作效率和工作品質，為你謀取好的工作職位打下堅實的基礎。

職位誠可貴，身體價更高

隨著社會的飛速發展，快節奏的生活讓人們承載了過多的壓力。為了適應這個時代的要求，我們拼命努力的工作，將全部精力投入到無盡的忙碌之中，但與此同時，很多人其實已在不知不覺中透支了健康，甚至生命！也許，今天用健康去換來事業、金錢，可是等到明天，卻花再多金錢也不能換回健康了。所以說，只有贏得健康才能贏得最後的財富。為了活得精彩，走更遠的路，我們需要平衡好工作與健康的關係，好好的呵護自己的身體。

有這樣一個故事：

麥克是一個十分優秀的年輕人，而珍妮是一個美麗大方的女孩，他們一起在廣告公司做設計，麥克的創意、珍妮的文案、他們的搭配是那麼完美，以至於公司的上上下下把他們自然而然的撮合到一起。

兩個人交往了四年，情投意合，進而同居三年，但卻遲遲發不出喜帖來。並不是他們有意要愛情長跑，而是隨著麥克的職務越來越重要，工作也越來越繁重，他們根本騰不出假期來結婚。公司的業務蒸蒸日上，麥克的個人時間就越來越少。珍妮有時還得陪他加班，送點補品為他補身體。看著麥克一根菸接著一根菸的抽，珍妮非常心疼。但麥克卻每次都說，再拼一陣子就好，等存夠了錢，就可以自己創業不必那麼累了……

珍妮的懷孕，來得不知道是不是時候，經期停了三個月，她才從忙碌的工作中，發現到不適的異樣。檢查出來已經懷孕已經三個多月時，她非常的懊惱，認為麥克這樣沒日沒夜的工作，自己不該在這個時候麻煩他，但是，麥克知道後卻非常開心，當場就大聲的說：「珍妮！嫁給我吧！」全辦公室響起如雷的掌聲，她的眼淚也歡喜得奪眶而出。七年的愛情長跑，終於要跨上紅地毯的彼端，珍妮欣喜萬分，夢想當新娘的畫面，早在她心頭反複排練了幾十遍。

老闆送他們二十萬的禮金，說是給他的創業基金，從此變成了同行，大家要互相幫忙。麥克也爽快的答應在婚前替公司完成最後一批稿件設計。

為了趕稿件設計，麥克幾乎是每天加班到早上六點才回家，迷迷糊糊的睡到中午又回公司繼續上班。連續一個禮拜，他終於交出了所有的設計稿，也交接了所有的業務。此時，離他們的婚禮只剩下不到三十個小時。珍妮勸麥克什麼都別管，還是先睡一下，養足精神，準備舉行婚禮。

可是誰曾想到，這一睡，麥克就再也沒有醒過來。他被送到醫院後，醫生判斷是時下流行的過勞死，在連續加班後回家睡覺，一睡就成永眠。

一個年輕力壯，從無宿疾的頑強生命，就這樣因為體內長期運作失調，而造成器官衰竭而死。婚慶喜筵變成了非正式的告別會，所有參加婚禮的賓客都忍不住落淚，懷著寶寶的珍妮更是哭得死去活來，她恨，她怨，但這又能怪誰呢？

生活的品質是需要生命的品質來保障的，一個就連生命都尚且朝不保夕的人，是很難從生活中體味到快樂和幸福的。在健康面前，人們的財富、地位、權力都會顯得很脆弱無力。只有真正照顧了自身的健康問題，才能有機會成為成功的人，才能一生平安幸福。

健康的身體是人的生命的載體，生命依賴健康以顯示出一種活力。健康不是一切，但沒有了健康，也就沒有了一切。很多功成名就的人，在以犧牲了健康的前提下獲得了成功後，不禁感慨：「健康的時候不知道珍惜生命，失去健康的時候才知道健康的重要。」有人用過一個很形象的比喻：假設一個人有一億元資產，前面的一代表健康，後面的零則代表你的事業、妻子、孩子、房子、車子、銀子等，如果失去健康也即是失去前位的一，那剩下再多的零也都失去了意義。健康可使家庭變為十倍的幸福，可使事業成功變為一百倍的可能。所以健康對每個人是非常重要的，有了健康就有了一切。當一個人在病痛的時候，他才體會到健康和生命的重要。我們要轉變思想觀念，定期進行身體檢查，注意平時的營養品補充，讓自己身體營的養一定要達到均衡，這樣才能使我們少生病或者不生病。

有位著名的醫師在美國醫師協會年會上所宣讀的一份報告中指出，他研究的一百七十六位平均年齡四十四歲的企業主管，約有三分之一的主管受到緊張所引發的三種病痛的困擾——心臟病、消化性潰瘍以及高血壓。想想看，三分之一的企業主管在活到四十五歲之前就受到這些毛病的折磨。成功的代價何其高昂！可悲的是還換不到真正的成功，你能想像一位以胃潰瘍或心臟病換取成就的人能算做真正的成功者嗎？

雖然現在的職場如同戰場，工作的壓力越來越大，但是我們一定不要捨本逐末，只注重對金錢的渴求。無論工作多忙，心中一定應該牢記，擁有健康的身體才是最重要的，一個人若失去健康，即使贏得全世界又有什麼用？

健康的身體在於運動

「生命在於運動」，這是一句耳熟能詳的至理名言。生命對於我們每個人而言既是寶貴的，也是脆弱的，人生苦短猶如白駒過隙，想要珍惜生命自然離不開運動。

有一段很有趣的夫妻對話也恰恰為我們說明了運動的重要性。一位丈夫說：「我的體質越來越差了。」妻子挖苦他道：「野豬可以活五十年，家豬只能活五年；野狗能活二十年，家犬只有八年壽命。生命在於運動嘛，誰叫你一天到晚像家豬一般窩著不動呢。」

看來，經常運動可以保持體力不衰。正所謂「流水不腐，戶樞不蠹」，運動是延緩衰老、預防疾病、延年益壽的重要方法。

許多成功人士之所以能夠成就不凡的功業，就是因為他們擁有健康的體魄和清醒的頭腦，而這一切又是源自於運動所帶來的好處。

船王包玉剛是一個非常愛運用的成功人士，他每天清早都做四十五分鐘的運動，最喜歡的運動是跳繩和游泳。跳繩是常規的運動，他經常跳，游泳也一樣，他甚至喜歡冬泳。

李嘉誠也喜歡運動，他經常游泳。他每天起床的第一件事就是去打一會兒高爾夫球。恒基兆業地產的巨頭李兆基和李嘉誠一樣，也喜歡游泳及打高爾夫球，在每年冬天，他都會到瑞士去滑雪。

香港富豪霍英東喜歡的運動是網球、足球和游泳。新世界集團的鉅子鄭容彤則喜歡高爾夫球及游泳。

運動是保持身體健康的最有效的方法之一，如果沒有健康的身體，我們要拿什麼本錢去爭取成功呢？因此，我們要養成運動的好習慣，讓運動為我們帶來旺盛的生命力。

實驗證明，運動能提高大腦機能。大腦支配肢體，肢體的活動又可興奮大腦，經常運動可提高動腦的效率，從而增強記憶力。此外，運動還是消除焦慮、緩和緊張情緒的靈丹妙藥。運動能使人精神旺盛，心情舒暢。人體在運動的時候會釋放出許多有益的激素，能調節人的情緒和心境，增強抵抗力，有益於身心健康。所以，運動是保持青春的妙方，是延年益壽的良藥。

由此看來，運動不僅能增強體質，培養樂觀、積極向上的意志，增強人體對疾病的抵抗力，同樣也是合理的生活方式和高品質生活的有機組成部分。從這個角度來講，人們獲得健康的根本途徑之一就是要養成運動的習慣。

但遺憾的是，現代人很少有人願意或很難抽出時間運動，即使每天做一些運動，也只是我們看得見的骨骼肌在運動，難怪十個人之中就有八個人會回答：「我連睡覺都沒時間，哪來的時間運動？」

有一位百歲的哲學家，他的長壽祕訣就是跑步。他說他年輕的時候到古希臘遊歷，發現一塊大石頭上刻著三千年前一位大師的名言：「如果你想健康，跑步吧！如果你想長壽，跑步吧！如果你想聰明，跑步吧！」於是，他一生堅持跑步，風雨無阻。

如果一個人想要健康、精力充沛的生活和工作，想要推遲衰老、延長壽命，想要伴隨相親相愛的人走更長更遠的路，想要充分享受生命，那麼就要在自己的每日牛活中，加入運動這一項任務。

作為明智的現代人的你，如果意識到自己缺乏相應的運動量，就應該給自己加一項任務——每天抽出三十到六十分鐘，用來進行適合於自身的體育運動。

以下舉出幾種運動的方式可供大家做選擇：

一、散步

散步，可以說是世界上最好的一種有益身心健康的運動。散步時，心臟收縮較快，能使血液輸出量增加，血流加速，促進血液循環，對心臟是一項很好的鍛鍊。同時，透過堅持散步鍛鍊，血管壁的平滑肌能得到舒張，血管彈性增加，強壯微血管網並明顯增加微循環的血流量，降低血糖和血壓，減少凝血；另外，散步能夠加強和改善消化腺的功能，並能促進胃腸規則的蠕動，增強消化能力，還可以減少腹壁皮下脂肪的堆積。

散步時應保持良好的姿勢才能取得理想的效果。正確的身體姿勢是：身體挺直，抬頭挺胸，收腹收臀，保持頭部與脊椎成一直線，雙肩放鬆，雙臂自然下垂。在步行過程中，頭部可以自由轉動；身體挺直，讓雙臂協同雙腿的邁步動作自然的做前後擺動。

二、慢跑

慢跑可以促進骨的強健和營養代謝，有效的防治骨質疏鬆發生；可使人體大量出汗，而汗水可使體內的致癌物質及時的排出體外，減少罹癌的可能性；也能調節大腦皮質與內臟功能的協調性，有益於延緩人體衰老的過程。如果可以的話，我們應該多做一些慢跑運動。

慢跑雖然動作簡單，但如果姿勢不正確，不僅達不到理想的健身效果，還有可能給身體帶來損傷。下面介紹正確的跑步姿勢：

(一)跑步時，腿部動作應該放鬆。一條腿向後蹬時，另一條腿屈膝前擺，小腿自然放鬆，依靠大腿的前擺動作，帶動髖部向前上方擺出。以腳跟先著地，然後迅速的過渡到全腳掌著地。不能用全腳掌著地的方式來跑步，因為長此以往易引發脛骨骨膜炎。

(二)跑步時，自然擺臂很重要。正確的擺臂姿勢可以起到維持身體平衡、協調步伐的作用。擺臂時，肩部要放鬆，兩臂各彎曲約成九十度，兩手半握拳，自然擺動，前擺時稍向內，後擺時稍向外。

三、騎腳踏車運動

騎腳踏車對雙腿的鍛鍊非常有用，同時也是女性減肥的最好手段之一。由於在騎車過程中可以有效的刺激心臟，鍛鍊心肺功能的效果明顯。可以採取以下幾種健身性騎行方法：

自由騎行法：放鬆的長時間騎車；力量騎行法：利用上山、下坡騎行；間歇性騎行法：快慢交替騎行；有氧騎行法：用均速長時間騎腳踏車。

四、游泳

游泳鍛鍊是一種全身性的鍛鍊，透過游泳鍛鍊，可增強人體神經系統的功能，改善血液循環，提高對營養物質的消化和吸收，從而能增強體質，增強對疾病的抵抗力。

游泳鍛鍊，與人們從事的其他體育鍛鍊項目一樣，只有合理的掌握運動量，才能使每次的鍛鍊既達到鍛鍊的目的，又不致發生過度疲勞和使身體產生不良反應。

選擇游泳鍛鍊的運動量時，要因人而異，量力而為。普通的游泳愛好者，即使是年輕力壯者，每週大運動量的鍛鍊，也不應超過二次；而中年人則以中等的運動量為宜，不要過度進行運動量過大的游泳鍛鍊；老年人則最適宜小運動量和中等偏小的運動量的游泳鍛鍊。

五、划船運動

無論是誰都或多或少有過背酸、背痛的症狀，背部的酸痛主要是缺乏肌肉力量所致。另外，不正確的姿勢、非正常的用力、長時間久坐工作都會造成對背部的傷害。許多人由於背部的「不適」而引發不正常的心態，如煩躁不安、心情壓抑，甚至可引起輕生之念。划船運動正好可以鍛鍊到肩背肌肉。

健康源於良好的生活習慣

世界著名心理學家威廉．詹姆士（William James）說：「播下一個行動，收穫一個習慣；播下一個習慣，收穫一種性格；播下一種性格，收穫一種命運。」健康是人一生幸福的根基。想要把握健康，最好就是從自身做起，逐漸養成良好的習慣，關注健康的細節，告別不健康的生活方式，擺脫不良的生活習慣，這樣就能夠逐步提高健康水準，享受生活中美好的事物，從而幸福一生。

蕭伯納（George Bernard Shaw）是英國傑出的戲劇作家、世界著名的幽默大師，更是諾貝爾文學獎的獲得者。正是由於他養成了良好的生活習慣，他的一生才能過得成功並快樂。蕭伯納享年九十四歲，他不僅才思敏銳，有著「當代人中最清楚的頭腦」，還有著可與著名運動員相媲美的強健體質。

蕭伯納在少年時代，其父就對他說：「孩子，要以我為前車之鑒，我做的事你都不要效仿！」原來，他的父親喜歡亂吃東西，一頓飯吃很多的肉，喝很多的酒，並且整天抽菸，又不愛運動。他聽從了父親的教導，從小養成了良好的生活習慣，不抽菸、不喝酒。蕭伯納成名之後，財富如潮水般的湧來，但他卻毫不奢侈。在服裝方面，蕭伯納講究的是整潔、舒適、方便，從不追求華麗，不追求時髦，而且總喜歡穿棉織衣物。

蕭伯納一生都堅持著運動。每天都很早起床，天天堅持洗冷水浴、游泳、長跑、散步，他還喜歡騎腳踏車、打拳擊。在七十多歲時，他曾與當時世界著名的運動家、美國人丹尼一起住在波歐尼島上的一家旅館，每天兩人過著一樣的生活：起床後洗冷水澡，接著游泳，然後躺在海邊沙灘上進行日光浴。午後，他們還一塊去長途散步。

蕭伯納在談到良好的生活習慣時說：「衛生並不能治療疾病，但能防止疾病，如果一個人過著合理的生活，選擇健康的食物，就不至於生病。如果能夠數十年孜孜不倦的堅持身心鍛鍊，保持樂觀的態度，就一定能保持身心的健康，並且獲得事業上的成功。」

由此可見，一個人的健康狀況和生活習慣有著直接的關係。良好的生活習慣，促進個人身體的強壯健全發展。

「莫以善小而不為，莫以惡小而為之」，這句話從健康的角度來理解，就是說：保持健康要從點滴小事做起，養成良好的生活方式和個人衛生習慣，下定決心戒除以下的不良習慣。

一、不吃早餐

早飯是大腦活動的能量之源，如果沒有進食早餐，體內無法供應足夠血糖以供消耗，便會感到倦怠、疲勞、腦力無法集中、精神不振、反應遲鈍。久而久之就會造成營養不良、貧血、抵抗力降低，並會容易產生胰、膽結石。

二、急了才去排泄

很多朋友只有在大小便的感覺非常明顯了，才去上廁所。甚至有便意也寧願憋著。這樣做，對健康是極為不利的。大小便在體內停留的時間長了，非常容易引起便祕，或者使膀胱過度脹大。糞便和尿液中的有毒物質，不斷被人體重新吸收，將非常容易導致「自體中毒」。因此，養成定時大小便的習慣，可以減少痔瘡、便祕和大腸癌的發病機會。

三、長期抽菸

抽菸的危害人盡皆知。全世界每年因抽菸而死亡的達到二百五十萬人之多，菸是人類的第一殺手。抽菸能誘發各種疾病，如心肌梗塞、肺癌、胃潰瘍等，甚至全身各器官均可受害。

菸草中含有二十多種有毒物質，如尼古丁、菸焦油、亞硝胺、砷、一氧化碳等一系列毒物。尤其是菸點燃後所形成的菸草煙霧中含有更多的刺激性及細胞毒性物質，數目竟達七百八十種以上，而且濃度很大。菸草的煙霧中還含有即便是空氣汙染中也較少見到的強致癌性物質，如菸草葉的蠟性層燃燒時所放出的烷化四芳烴和五環芳烴。尼古丁是最厲害的植物毒物之一，急性中毒後的死亡之快，與氰化物相似，因此成為菸草致命毒物中的主犯。由此可知，抽菸對人的健康所造成的危害是非常明顯的。

四、過量飲酒

長期飲酒可以導致體內多種營養素的缺乏。酒是純熱能食物之一，在體內可分解產生能量。但不含任何營養素，過量飲酒的第一個危害是減少了其他含有多種重要營養素（如蛋白質、維生素、礦物質）食物的攝入。其次，可使食欲下降，攝入食物減少，以及長期過量飲酒會損傷腸黏膜，影響腸對營養素的吸收，以上都可導致多種營養素的缺乏。

酒中的乙醇對人體器官有直接的毒害作用，對乙醇最敏感的器官是肝臟。連續過量飲酒能損傷肝細胞，干擾肝臟的正常代謝，進而可導致酒精性肝炎及肝硬化。

過量飲酒也會影響脂肪的代謝。乙醇減慢脂肪酸氧化分解，有利於膳食脂質的儲存，肝臟脂肪合成增多，將使得血清中的三酸甘油酯含量增高，發生高血脂症的可能性增大。

五、長期飽食

進食過飽後，大腦中被稱為「纖維母細胞生長因子」的物質會明顯增加。它能使微血管內皮細胞和脂肪增多，導致動脈粥樣硬化，出現大腦早衰和智力減退等現象。

六、睡懶覺

睡懶覺使大腦皮質抑制時間過長，久而久之，可引起一定程度的人為大腦功能障礙，導致理解力和記憶力減退，還會使得免疫功能下降，擾亂身體的生物時鐘，使人懶散、產生惰性，同時對肌肉、關節和泌尿系統也不利。另外，血液循環不暢，全身的營養輸送不及時，還會影響到新陳代謝。由於夜間大多關閉門窗睡覺，使得早晨室內空氣混濁，戀床很容易造成感冒、咳嗽等呼吸系統疾病的發生。

七、病了才治

「凡事豫則立，不豫則廢」，健康醫學一樣也是把預防作為第一道防線。等到疾病已經上了身，就已經對身體造成了危害，這時再去治療，花費的成本可能是巨大的。其實，疾病在形成之前都是有訊號的，我們常說當人的心理或身體處於混亂，但並沒有明顯的病理特徵時就是警訊。人一旦進入這種狀態，就要加以注意。還有許多疾病，光靠自我感覺是很難及早發現的，只有定期去醫院進行健康檢查，才能早期發現，進行早期治療。有一部分的朋友，平時自以為沒有病，但到醫院一檢查就發現出毛病。一些肝炎、肺結核、高血壓、心臟病和糖尿病，包括許多癌症在常規的檢查中也能及早發現。可見，無病也求醫，堅持定期去醫院體檢是多麼重要。

別讓壓力壓垮了你

在加拿大的魁北克有一個南北走向的山谷，一九八三年的冬天，有一對夫婦來到這個山谷的時候，天下起了大雪。當他們支起帳篷，望著漫天飛舞的大雪時突然發現，由於特殊的風向，東坡的雪總比西坡的雪來得大，不一會兒，雪松上就落滿了厚厚一層雪。不過，當雪積到一定程度，雪松那富有生氣的枝枒就會向下彎曲，直到雪從枝頭滑落。這樣反覆的積雪，反覆的滑落，只有雪松仍是完好無損的。其他的樹，比如那些柘樹，因為沒有這個本領，樹枝都被壓斷了。西坡由於雪比較小，還有一些樹挺了過來，所以西坡除了雪松，還有柘樹、女貞之類的生長著。帳篷中的妻子發現了這一景觀，對丈夫說：「東坡肯定也長過雜樹，只是不懂得彎曲才被大雪摧毀了。」丈夫點頭稱是，並興奮的說：「我們揭開了一道謎——對於外界的壓力要盡可能的去承受，在承受不了的時候，要像雪松一樣，學會彎曲，學會給自己減輕壓力。」

每個人都得面對壓力，適度的壓力會調動我們自身的能力，使我們更好的完成工作。但壓力過大，卻會給精神以及身體上都帶來負面影響。

在每個人的日常生活或工作中，壓力無所不在：業績目標無法達成、競爭對手的實力超過自己、家人之間問題無法解決、經濟狀況不佳等，這些情況都會給人造成巨大的壓力，而壓力過大則會影響工作。所以在職場中，一個人要能很好的調節和緩解壓力。

李富揚是一家房地產開發公司的銷售部主管，不僅上進心非常強，而且工作能力也非常優秀，其銷售業績在整個公司都是出類拔萃的。也正因為他的工作成績優秀，所以深得上司的賞識和器重，上司常常會把一些好機會都留給他。他也不負上司的重望，每一次都把任務完成得非常出色。

李富揚是個非常好強的人，為了對得起上司的信任，他總是對自己要求得非常嚴格，可是隨著工作量的增多，他感覺到了越來越大的壓力。雖然還沒有達到需要把工作帶回家做的程度，但無論是上班還是下班，他腦中裝的都是工作，時常會感覺很累。後來，他因為壓力而嚴重失眠了，無論如何都睡不著，實在是沒有辦法了，只好吃安眠藥，可是又擔心藥物會對身體產生副作用，所以藥量總是不敢用很多，這樣一來，睡眠就又受到了影響。因此，每天到公司上班時李富揚總感覺很疲勞，精力無法集中，很多工作都無法很好的處理，上司也因此責怪了他。

工作壓力對於職場上的任何人來說都是存在的，我們必須認真看待心理壓力問題，並及時的、適當的透過情緒調節來緩解心理壓力，為它找一個出口，這樣它才不會給精神帶來太重太大的傷害。

不少的都市白領都有過這樣的體驗：整日裡在公司忙忙碌碌的，這邊的工作還沒有完成，那邊的工作任務就又分派下來了。面對堆積如山需要整理的文件，在心情煩躁的時候，真想把這些文件撒得滿地都是，才能稍微發洩自己不滿的情緒。面對著永遠做不完的工作、任務，有時候真的想什麼都不管了，拋下手頭的工作出去散散心。

其實，當你面對沉重的工作任務而感到精神與心情特別壓抑的時候，真的應該出去散心、休息。一方面，從做好工作的角度來講，專家指出了，當你心情煩躁、不安、沮喪的時候，也正是你工作上出錯率最高的時候。因為這個時候你的腦力使用已經到達了極限，就像一張弓一樣，再輕輕拉一下說不定就會折斷。所以這個時候就應該放下手頭的工作，做一些你認為能放鬆自己的、與工作無關的事情，當你感到身心的疲憊感已經逐漸消失，心情已經比較輕鬆後，再回到工作中去。這時，你會覺得處理起手頭的事務來比之前更得心應手，效率也會明顯的提高。有句話叫做「磨刀不誤砍柴工」，說的就是這個道理。

另一方面，從你自身的角度考慮，當你面對著讓你喘不過氣來的工作壓力並感到心情煩躁，甚至有一種莫名的發洩欲望時，也許就意味著，你到了必須採取措施去緩解這種壓力的時候了。如果你還是一如既往的忍耐忍耐再忍耐，那麼，你的不滿情緒就會逐漸的儲存累積起來，並且不斷的加大壓力，當這種壓力增加到了一定的程度時，就會突然來個總爆發。這時才一次爆發的心理壓力將會嚴重的損害你的心理健康，可能會使你精神失常。這絕對不是在危言聳聽！所以在工作過程中當你感到心情煩躁，並且確信這種不好的心情是來自於對工作壓力的不滿時，你不妨採取放鬆自己的辦法，慢慢的釋放自己的心理壓力，從而保持自己的身心健康。

以下為你介紹一些緩解工作壓力的方法：

要學會合理工作

應該合理的安排自己的工作、學習和生活，制定切實可行的工作計劃或目標並留有餘地。無論你的工作多麼繁忙，每天都應該留出一定的休息時間，抽空散散步，活動活動筋骨。用電腦時要掌握正確的坐姿和手部姿勢，每隔一個小時左右，最好站起來休息一下，望望窗外，呼吸新鮮空氣。

是保持心理寧靜

面對大量的資訊，不要緊張不安、焦急煩躁，要盡量保持淡泊、寧靜的心理狀態，盡可能的學會善用工具處理資訊的方法，提高應變能力。最好能夠做到專精於一藝，即人無我有，這樣就會減輕個人在競爭中的心理負擔，並收到事半功倍之效。

培養一些興趣愛好

諸如琴棋書畫、養鳥養魚、寫作、旅遊、垂釣等。這是轉移大腦「興奮灶」的一種積極的休息方式，能有效的調節大腦中樞的興奮與抑制的過程，進而緩解壓力，消除疲勞，調節情緒。

把煩惱及時發洩出來

趕到壓力或產生挫折時，心中淤積的消極情緒會對身心造成極大的傷害。因此，採取合理的宣洩方式將其釋放出去，是一種自我保健的有效措施。這就像水庫裡的水如果太多就會有潰堤的危險，此時為了保證水壩的安全就要透過洩洪道把多餘的水釋放出去一樣。

總之，只要你學會做壓力的主人，你就能夠用穩定的情緒、健康的心理去直面紛繁複雜、瞬息萬變、競爭激烈的社會。

好睡眠保證你的健康

俗話說：「每天睡得好，八十不見老」。沒有睡眠就沒有健康，睡眠是人類生活節奏中的一個重要組成部分。

在西方社會，要是問大多數人，除了錢財以外，他們最需要什麼？您或許會聽到異口同聲的回答：「睡眠」。如今，人們的生活節奏越來越快，「在工作與生活的多重壓力下，許多人的睡眠就在無形之中被剝奪了。」美國加州睡眠障礙醫療中心主任如此說道。而睡眠問題直接影響人的健康乃至引起各種疾病已是司空見慣的事。

曾有研究人員把二十四名大學生分成兩組，先讓他們進行測驗，結果兩組測驗成績一樣。然後，讓一組學生一夜不睡覺，而另一組則正常睡眠，再進行測驗。結果沒有睡覺組學生的測驗成績大大的低於正常睡眠組學生的成績。由此，研究人員認為，人的大腦若要思維清晰、反應靈敏，必須要有充足的睡眠，如果長期睡眠不足，大腦得不到充分的休息，就會影響大腦的創造性思維和處理事物的能力。

睡眠問題與人體健康和壽命有著密切的聯繫關聯。睡眠不足會引發眾多的身體疾病，給人們的身心健康帶來巨大的危害。經常睡眠不足，會使人精神煩躁、焦慮不安、記憶力下降。有研究表明，持續一週失眠的人會變得急躁、恐懼、緊張、注意力不集中等，嚴重時可出現幻覺，妄想等嚴重的精神障礙。

長期睡眠不足，還將導致人體的生理機能紊亂，免疫力下降，由此會導致種種疾病的發生，如腦神經衰弱、感冒、胃腸疾病等。不少高血壓、高血脂、糖尿病、心臟病患者都是由於睡眠不好所引起的。人體的細胞分裂多在睡眠中進行，睡眠不足或睡眠紊亂，會影響細胞的正常分裂，由此就有可能產生癌細胞的突變而導致癌症的發生。如果你希望自己健康，就必須重新評估睡眠對健康的作用。

睡眠既是補充、儲備能量、消除疲勞、恢復體力的重要途徑，又是調節各種生理機能，穩定神經系統平衡的重要環節。在身體狀態不佳時，若能充分的睡上一覺，體力和精力將會很快會得到恢復。這是因為，在睡眠期間人體的各臟器會合成一種能量物質，以供醒來活動時使用；由於體溫、心率、血壓下降，部分內分泌減少，使得基礎代謝率降低，也能使體力得以恢復。

正常的良好睡眠，可調節生理機能，維持神經系統的平衡，是生命中重要的一環。因此，我們要珍視自己的睡眠。那麼如何能保證有一個良好的睡眠呢？

以下是一些有助於睡眠的良好的建議：

一、選擇高低合適的枕頭

枕頭對於睡眠非常重要，選擇一個高低合適的枕頭有助於良好的睡眠。在正常狀態下，人們的體態保持自然姿勢，也就是說頭部稍微前傾。人的脊椎從正面看是一條直線，但從側面看會發現有四個生理彎曲的曲線，頸部七個椎骨排列成輕微的弧形向前凸出。因此，睡覺時枕頭的高度也應該符合這個彎曲的弧度，使人體脊椎還是保持這樣自然的狀態。

枕高過高，會使得頸部的某些肌肉過度緊張，久而久之，就容易發生勞損、痙攣，促使頸椎小關節發生骨質增生等，同時對頸髓神經和血管產生壓迫，進而出現頸椎病的症狀。而枕頭過低，則可導致頭頸過度後仰，頸椎前凸曲度過大，使椎體前方的肌肉和韌帶過度緊張，甚至引起慢性損傷。

二、不要用被子蒙頭睡覺

生活中，有的人喜歡用被子蒙頭睡覺，特別是在寒冷的冬天，以為這樣可以禦寒取暖。其實這是一種壞習慣，是一種不衛生的睡覺方法。蒙著被子睡覺會嚴重的影響呼吸。因為蒙頭後使頭部空間變小，空氣難以流通，呼吸到新鮮氧氣的量逐漸減少；與此同時，因呼出的二氧化碳難以散出而使頭部周圍的二氧化碳越來越濃。如此一來，呼吸的氣體便不能使肺部血管充分的進行氣體交換，致使身體各部分器官失去良好的調節，新陳代謝速度降低。所以有這種習慣的人早晨醒來常常眼皮浮腫、沒精打采，甚至呵欠連連、身酸痛。這種症狀主要是大腦代謝受到影響的表現。雖然人已起床，但大腦卻仍處於半睡眠狀態，腦神經的活動不能馬上恢復正常。這種狀態會影響一整天的工作和學習。

三、選擇合理的睡覺方向

人睡覺時，最好的睡向是什麼？研究表明，南北睡向是最合適的。

人類所生活的地球是個巨大的磁場，其磁力線由北極經地球表面而進入南極。人體睡眠時的生物電流通道與地球磁力線的方向若是互相垂直的話，那麼地球磁場的磁力就成為人體生物電流的強大阻力。這樣一來人體為了要恢復正常運行而達到新的平衡狀態，就得消耗大量的熱能，用來提高代謝能力。

採用南北睡向，人體內的細胞電流方向即可與地球磁力線方向成平行狀態，人體內的生物大分子排列則為定向排列，這樣一來，氣血運行便可通暢、代謝降低、能量消耗銳減，睡眠中的慢波、快波即能協調進行，加深睡眠深度，從而可以提高睡眠品質，有利於身心健康。

四、不要開燈睡覺

開燈睡覺影響睡眠品質。「天黑睡覺」是人類刻在基因中的生活常規。如果破壞這個常規，在夜間開燈睡覺，或在強烈的陽光下睡覺，就會使人體產生一種「光壓力」，會影響人體正常代謝功能，包括正常的體內生理生化反應，甚至使人體的心跳、脈搏、血壓異常，導致疾病的發生。如果是日光燈，還會與睡眠時室內門窗關閉所產生的污濁空氣，產生含臭氧的光煙霧，形成室內污染，影響人的身體健康。

五、睡前喝一杯牛奶

睡前喝一杯牛奶，能夠使你睡得更香。牛奶中含有兩種催眠物質：一種是色胺酸，能促進大腦神經細胞分泌出使人昏昏欲睡的神經傳導物質——血清素；另一種是對生理功能具有調節作用的肽類，其中的「類鴉片肽」可以和中樞神經結合，發揮類似鴉片的麻醉、鎮痛作用，讓人感到全身舒適，有利於解除疲勞並入睡。

放鬆生命的琴弦

現在西方流行的觀念是「過普通人的生活」。的確，拼命的工作賺錢，卻沒有時間和精力來享受安閒、舒適的生活，的確是一件悲哀的事情。

第十二章　好職位偏愛身心健康的人

亨利是某間跨國公司的高級主管，在事業上十分成功，但卻一直沒學會如何放鬆自己。他是一位神經緊張的人，並且常把他職業上的緊張氣氛從辦公室帶回了家裡。

亨利下班回到家裡，在餐桌前坐下來，但心情十分煩躁不安，他心不在焉的踢踢桌腳，差點被椅子絆倒。

這時候亨利的妻子走了進來，在餐桌前坐下。他打一聲招呼，一面用手敲著桌面，直到一名僕人把晚餐端上來為止。他很快的把東西吞下，他的兩隻手就像兩把鏟子，不斷把眼前的晚餐一一送進嘴中。

吃完晚餐後，亨利立刻起身走進起居室去。起居室裝飾得十分豪華美麗，有一張長而漂亮的沙發以及華麗的真皮椅子，地板上鋪著高級地毯，牆上掛著名畫。他把自己投進一張椅子中，幾乎在同一時刻拿起一份報紙。他匆忙的翻了幾頁，急匆匆的瞄了一眼大字標題，然後，把報紙丟到地上，拿起一根雪茄，點燃後吸了兩口，便又把它放到菸灰缸裡。

亨利不知道自己該做什麼。他突然跳了起來，走到電視機前，打開電視機，等到畫面出現時，又很不耐煩的把電視關掉。他快步走到客廳的衣架前，抓起帽子和外衣，走到屋外散步去了。

亨利這個樣子已有好幾多次了。他沒有經濟上的苦惱，他的家是室內裝潢師的理想作品，他擁有兩部汽車，事事都有僕人服侍他——但他就是無法放鬆心情。不僅如此，他甚至忘掉了自己是誰。他為了爭取成功與地位，已經付出他的全部時間，然而可悲的是在賺錢的過程中，他迷失了自己。

我們從故事中可以看出亨利先生所有的癥結就出自於他的緊張情緒，他之所以生活繁亂是因為他沒有掌握放鬆自己的祕訣。

在競爭越來越激烈、節奏越來越快、壓力越來越大的現代社會中，想要生活得輕鬆自在一些的話，你應該適時的放鬆生命的弦，減輕自己的壓力，讓金錢、地位、成就等追求讓位於「過普通人的生活」。

放鬆生命的弦，其實也就是放慢生活節奏。因為，生命的弦就與琴弦一樣，太鬆則無法彈出和諧之音，但要是繃得太緊，琴弦就會斷的，所以，我們不要太過於苛求自己。適當的放慢生活節奏，是為了讓自己生命之弦不因繃緊而折斷；適當的放慢生活的節奏，讓自己駐足於路邊欣賞風景，偶爾聽聽喜歡的音樂，或是偷閒與朋友聊聊天；適當的放慢生活節奏，在周末日睡個懶覺並想想很久以前的美好回憶，以忘掉工作帶來的壓力，盡量為自己營造快樂的心情，給生活帶來更多的樂趣。

只要你能在緊張中做到鬆弛神經，過得輕鬆愉快的話，你就是一個幸運者——你的生活將會幸福無比。學會放鬆，也會讓你擁有一個無悔的人生。

電子書購買

國家圖書館出版品預行編目資料

誰想一個職位做到死：12 個好習慣讓你「升升不息」/ 徐書俊 , 鄭一群著 . -- 第一版 . -- 臺北市：崧燁文化事業有限公司 , 2021.07
面；　公分
POD 版
ISBN 978-986-516-765-3(平裝)
1. 職場成功法 2. 生活指導
494.35　　110010770

誰想一個職位做到死：12 個好習慣讓你「升升不息」

臉書

作　　者：徐書俊、鄭一群
發 行 人：黃振庭
出 版 者：崧燁文化事業有限公司
發 行 者：崧燁文化事業有限公司
E-mail：sonbookservice@gmail.com
粉 絲 頁：https://www.facebook.com/sonbookss/
網　　址：https://sonbook.net/
地　　址：台北市中正區重慶南路一段六十一號八樓 815 室
Rm. 815, 8F., No.61, Sec. 1, Chongqing S. Rd., Zhongzheng Dist., Taipei City 100, Taiwan (R.O.C)
電　　話：(02)2370-3310　　傳　　真：(02) 2388-1990
印　　刷：京峯彩色印刷有限公司（京峰數位）

定　　價：350 元
發行日期：2021 年 07 月第一版
◎本書以 POD 印製